DIE OBERFLÄCHENAKTIVITÄT DES HARNES BEI PHYSISCHER UND PSYCHISCHER ALTERATION

INAUGURAL-DISSERTATION

ZUR

ERLANGUNG DER DOKTORWÜRDE

DER

MEDIZINISCHEN FAKULTÄT

DER

HAMBURGISCHEN UNIVERSITÄT

VORGELEGT VON

DR. PHIL. FRIEDRICH-VINCENZ v. HAHN

Springer-Verlag Berlin Heidelberg GmbH 1929

Referent: Prof. Dr. Brauer

ISBN 978-3-662-40847-6   ISBN 978-3-662-41331-9 (eBook)
DOI 10.1007/978-3-662-41331-9

Sonderabdruck aus
„Arbeitsphysiologie", Bd. 2, H. 4

Inhalt.

                                                                                              Seite
§ 1. Die bisherigen Arbeiten über das Verhalten des Harnes bei körperlicher Arbeit, insbesondere bezüglich seiner Oberflächenaktivität . . . 298
§ 2. Die Methodik der Oberflächenspannungsmessung 300
§ 3. Die Beziehung der Oberflächenspannung zum spezifischen Gewicht des Harnes 303
§ 4. Kritische Besprechung weiterer in der Literatur vorgeschlagener Aufbereitungen des Harnes vor der Oberflächenspannungsmessung 307
§ 5. Der Einfluß der Sporttätigkeit auf die Oberflächenspannung des Harnes 308
§ 6. Der Einfluß körperlicher Arbeit auf die Oberflächenspannung des Harnes 310
§ 7. Die Oberflächenspannung des Harnes bei gleicher körperlicher Arbeit, aber wechselnder Aufregung 315
§ 8. Die Oberflächenspannung des Harnes bei Aufregung und Vermeidung körperlicher Arbeit 316
§ 9. Vergleich der Oberflächenaktivitätserhöhung bei körperlicher Arbeit und bei Aufregung an einem gleichmäßigen Material 320
§ 10. Die Oberflächenaktivitätserhöhung durch Aufregung als Fehlerquelle bei der klinisch-diagnostischen Stalagmometrie 330
§ 11. Zur Ätiologie der Oberflächenaktivitätserhöhung nach Aufregung . . 335
§ 12. Schlußbetrachtungen über die neu gefundenen Gesetzmäßigkeiten . . 336

§ 1. *Die bisherigen Arbeiten über das Verhalten des Harnes bei körperlicher Arbeit, insbesondere bezüglich seiner Oberflächenaktivität.*

Die Sport- und Arbeitsmedizin, deren Aufgabenkreis sich infolge der zunehmenden Sportbetätigung der Jugend einerseits, der immer steigenden Intensivierung der Arbeit andererseits in stetem Wachsen begriffen ist, hat auf den verschiedensten Gebieten wichtige Ergebnisse gezeitigt. Es sei nur an die Resultate der Stoffwechseluntersuchungen, an diejenigen der Pathologie des Kreislaufs erinnert, auf denen viele Reformen der Sportausübung basieren, und auf die manche Rationalisierungen der Arbeitsmethoden zurückgehen.

Wenige Untersuchungen liegen merkwürdigerweise über das Verhalten der Nieren bei starken Anstrengungen vor; es ist a priori einleuchtend, daß sowohl die Ausscheidung der durch die Anstrengung vergrößerten Menge von Stoffwechselprodukten auf die Nieren einwirken kann, andererseits diesen die Arbeit dadurch erschwert wird, daß ein mehr oder minder großer Teil des abzugebenden Wassers den Körper durch die Schweißdrüsen verläßt. Man wird also zum mindesten Harne mit hohem spezifischen Gewicht zu erwarten haben.

Einige Untersuchungen liegen über pathologische Zusammensetzungen des Harnes bei größerer Muskelarbeit vor. Für mäßige Arbeitsleistungen wies *Magnus-Levy*[23] nach, daß die relative Ammoniakmenge nicht vermehrt ist, daß keine größeren Mengen organischer Säuren im Harn auftreten und daß auch die Harnstoffmenge unbeeinflußt bleibt. Zu beachten ist ferner, daß auch die Kreatinin-Ausscheidung nach forcierter Arbeit nur eine geringe Steigerung erfährt; dieser zunächst verwunderliche Befund — Kreatinin ist das eigentliche Endprodukt des Muskelstoffwechsels — erklärt sich nach *M. Hopf*[16] vielleicht dadurch, daß Muskelkreatinin hauptsächlich als Harnstoff ausgeschieden wird. Auch *Schenk*[30] berichtet, daß der Stickstoffgehalt sowie der Ammoniakgehalt des Harns nach Sportleistungen nicht steigt, in vielen Fällen sogar abnimmt, da ein Stickstoffverlust des Körpers durch die Schweißabsonderung stattfindet. Im Gegensatz dazu fand *Bürkle-de la Camp*[6] eine Vermehrung des Harnstoffs proportional zu der körperlichen Anstrengung. — Wichtig ist endlich noch die Mitteilung *Schenks* über das Auftreten geformter Elemente im Harn nach Anstrengungen; meist begleitet von Eiweiß wurden Erythrocyten, Leukocyten und Zylinder im Harn nach schwerer körperlicher Anstrengung gefunden; *Schenk* faßt seine Erfahrungen in dem Satz zusammen: „Je größer die geleistete Arbeit im Verhältnis zur Leistungsfähigkeit, um so größer ist die Art und Zahl der ungewöhnlichen Erscheinungen im Harn." Andere Arbeiten beschäftigen sich mit den Aciditätsverhältnissen im Harn nach Anstrengungen sowie mit den Befunden, die man bei Hochgebirgsklima erheben kann. Da diese Untersuchungen in keinen Zusammenhang mit den nachfolgend zu beschreibenden zu bringen sind, muß der Hinweis darauf genügen, daß die interessante Veröffentlichung von *Hopf* ausführlich auch hierüber referiert.

Angesichts der Tatsache, daß Veränderungen in der chemischen Zusammensetzung des Harns, sowie dessen Gehalt an pathologischen Bestandteilen nicht regelmäßig und, wenn überhaupt, dann nicht in eindeutig bestimmter Richtung nach körperlicher Anstrengung zu beobachten ist, war es auffällig, daß verschiedene Autoren berichten, daß schon bei mäßiger Anstrengung die Oberflächenaktivität des Harnes eine wesentliche Erniedrigung erfahren soll.

So sind bereits *W. D. Donnan* und *F. G. Donnan*[7] der Ansicht, daß durch ungewohnte Anstrengung eine Erniedrigung der Oberflächenspannung des Harnes eintreten kann. Die hierauf bezügliche Stelle in ihrer schon 1905 erschienenen Arbeit lautet in Übersetzung: „Interessant ist der Effekt, der durch ungewohnte Arbeit hervorgebracht wird; er besteht in einem starken Abfallen der Oberflächenspannung und ist begleitet von einem Anstieg der Dichte, die durch die Konzentrierung verursacht ist (durch Schwitzen usw.)." Die Autoren ziehen hieraus die richtige Schlußfolgerung, daß man, um zu einer klinisch-diagnostischen Verwertung der Oberflächenspannungsmessung an Harn zu kommen, mehrere Faktoren berücksichtigen muß, nämlich die Dichte, die Tageszeit, zu der der Harn sezerniert wird, das Maß der körperlichen Anstrengungen (Amount of exercise) usw. Zahlenbeispiele geben die Autoren nicht an. — Eine neuere Arbeit von *S. Zandrén*[35] über die Ausscheidung der oberflächenaktiven Substanzen nach einem bestimmten Tagesrhythmus enthält ebenfalls Hinweise auf den Einfluß körperlicher Anstrengung, leider ebenfalls ohne zahlenmäßige Angaben. Es heißt bei *Zandrén*: „Irgendwelche Anhaltspunkte dafür, daß die Stalagmonkurve* mit den täglichen Körperbewegungen in Zusammenhang stehe, habe ich nicht erhalten. Dies geht ja auch daraus hervor, daß wir auch zur Nachtzeit den gleichen Wechsel in der Stalagmonelimination konstatieren können. Daß dagegen eine ungewohnte starke körperliche Anstrengung eine vorübergehende Steigerung mit sich führen könnte, war sehr wahrscheinlich. Ein paar Versuche in dieser Richtung, welche ich vornahm, zeigten eine mäßige und rasch vorübergehende Vermehrung der Urinkolloide 2—3 Stunden nach der körperlichen Anstrengung." Bei der Wichtigkeit dieser Tatsache von den verschiedenen Standpunkten aus ist es natürlich sehr zu bedauern, wenn sich ein Autor mit so verschwommenen Angaben begnügt. Zur Kritik dieser Darlegungen sei gleich hier angeführt, daß es natürlich nicht angängig ist, aus dem Befund, daß bei Nachtharnen ebenfalls Wechsel in der Oberflächenspannung vorkommen, zu schließen,

---

* Unter „Stalagmonkurve" versteht *Zandrén* eine Kurve, die angibt, in welchem Maße oberflächenaktive Körper während der einzelnen Stunden des Tages ausgeschieden werden (v. H.).

daß die körperlichen Anstrengungen keinen Einfluß haben können, denn es ist selbstverständlich in höchstem Maße wahrscheinlich, daß es *viele* Ursachen gibt, die zu einer Erniedrigung der Oberflächenspannung führen.

Auch wir waren bei der Untersuchung normaler Harne auf ihre Oberflächenspannung zunächst der Ansicht, einen Einfluß der Muskelarbeit im Sinne einer Oberflächenspannungserniedrigung oder, um es reziprok auszudrücken, eine Erhöhung der Oberflächenaktivität feststellen zu können, bis eingehendere Untersuchungen zeigten, daß diese Oberflächenaktivitätssteigerung nicht von körperlicher Arbeit herrührt. Um das Ergebnis der Untersuchungen vorwegzunehmen, sei schon an dieser Stelle betont, daß vielmehr die seelische Erregung des Menschen sich im Sinne einer Steigerung der Oberflächenaktivität des Harnes auswirkt, während die körperliche Arbeit ohne Einfluß ist. Der Fehler, der die zitierten Autoren zu der unzutreffenden Ansicht führte, daß die forcierte Arbeit die Oberflächenaktivität des Harns steigere, ist dadurch zustande gekommen, daß in beiden Fällen ein viel zu geringes Versuchsmaterial vorlag.

§ 2. Die Methodik der Oberflächenspannungsmessung.

Bevor auf die Ergebnisse unserer Versuchsreihen eingegangen werden soll, ist es erforderlich, die Methode, nach der wir arbeiten, darzulegen. Dieselben Gesichtspunkte, unter denen schon 1905 die Brüder *Donnan*[7] die Stalagmometrie als Untersuchungsmethode wählten, veranlaßt auch uns zur Anwendung einer Tropfröhre als Meßinstrument. Wie schon an anderer Stelle[11] dargelegt, kommt es bei der Auswahl unter den ca. 30 verschiedenen Methoden zur Bestimmung der Oberflächenspannung darauf an, eine Meßart zu finden, die bei genügender Genauigkeit ein schnelles Arbeiten gestattet.

Die Notwendigkeit, eine größere Anzahl von Harnen zu untersuchen, wird durch folgenden Überblick erwiesen: Die Zusammenstellung zeigt, wie wenig normale Harne bisher untersucht worden sind; es seien nur die wesentlichsten Arbeiten herausgegriffen:

1904	*J. Traube*[32]	12 normale Harne	
1905	*W. D. Donnan* und *F. G. Donnan*[7]	9 ,, ,,	
1916	*C. Posner*[27]	6 ,, ,,	
1920	*W. Schemensky*[29]	20 ,, ,,	(davon 3 offensichtlich pathologisch)
	H. Bechhold und *L. Reiner*[4]	15 normale Harne	
	S. Zandrén[35]	1 normaler Harn	
1921	*E. Joel*[18]	0 ,, ,,	(obgleich zahlreiche pathologische Werte beurteilt werden!)
	H. Pribram und *F. Eigenberger*[28]	2 normale Harne	
1923	*K. Isaak-Krieger* und *W. Friedländer*[17]	5 ,, ,,	

Zusammen handelt es sich also um 60 Zahlen, die in der Literatur — auf 9 Autoren und 17 Jahre verteilt — als normale Harnwerte mitgeteilt worden sind. Es ist selbstverständlich ausgeschlossen, bei einem derartig geringen Material, das noch dazu mit verschiedenen Methoden ermittelt worden ist, irgendwelche Schlüsse zu ziehen. Wie wir in einer früheren Publikationsserie gezeigt haben[11], erhält man bei Bearbeitung eines Materials von etwa 3000 Harnen, über die wir damals verfügten, völlig andere Beziehungen, als die bisherigen Autoren gefunden hatten.

Aus dieser Darlegung erhellt, daß nur Versuche mit großen Messungsreihen zu bindenden Schlüssen führen können. Deshalb ist es erforderlich, daß die zu wählende Methode der Oberflächenspannungsmessung einfach ist. Es erwies sich, wie früher dargelegt, die einfache Tropfröhre, wie sie *Wo. Ostwald*[25] in seinem Praktikum der Kolloidchemie empfiehlt, als durchaus zweckentsprechend.

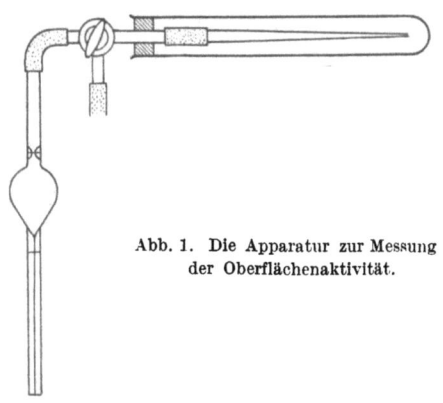

Abb. 1. Die Apparatur zur Messung der Oberflächenaktivität.

Mit einer ganz ähnlichen Apparatur haben auch schon die Brüder *Donnan*[7] gearbeitet. Unsere Pipetten, mit denen bis zum Harn Nr. 4086 gemessen wurde, hatten einen Wasserwert von 53 Tropfen bei Zimmertemperatur. Die Genauigkeit betrug einen halben Tropfen. Auf diese Weise kommt man zu einer Fehlerquelle von etwa 1%. Die Anwendung einer Graduierung der Pipette in der Art des Traubeschen Stalagmometers[33] erschien bei diesen Messungen nicht angezeigt. Die einfache Tropfpipette gestattet die Ausführung einer Messung in längstens 5 Minuten.

Inzwischen hatte Dr. *Hermann Junker*[19] in unserem Institut gefunden, daß die Eintauchtiefe der Tropfröhre von maßgebendem Einfluß auf das Ergebnis der Messung ist, und hat gezeigt, wie dieser Fehler durch Abwischen der Tropfröhre beseitigt werden kann. Daraufhin wurde von Harn Nr. 4807 an die Methodik geändert und nunmehr folgendermaßen verfahren: Die nach jeweils 10 Messungen mit Bichromat-Schwefelsäure gereinigte Tropfröhre wird wie bisher durch Ansaugen gefüllt. Dann wird der dabei benetzte Teil der unteren Röhre mit sauberem Zellstoff sorgfältig abgewischt und nun in der bisherigen Weise die Tropfenzahl bestimmt. Während die Genauigkeit bei der oben genannten Methode einen halben Tropfen betrug, kann man bei Anwendung dieses Kunstgriffes bequem auf $1/10$ Tropfen Genauigkeit kommen; die Schätzung dieses Anteils ist bei einiger Übung leicht und sicher möglich. Außerdem hat bei dieser modifizierten Methode die Pipette nur eine obere Marke; es wurde die Tropfenzahl bis zum völligen Austropfen der Pipette gezählt. Dem Fehler, der darin besteht, daß die Capillarattraktion bei verschiedenen oberflächenaktiven Flüssigkeiten verschiedene Volumina in der Capillare zurückhält, begegnen wir dadurch, daß die Capillaren verhältnismäßig weit gewählt werden. Die Tropfgeschwindigkeit wird bei den Tropfröhren in einer analogen Art wie bei dem Traubeschen Stalagmometer und Stagonometer durch aufgesetzte Capillaren geregelt. So entstand eine Apparatur, wie sie in Abb. 1 wiedergegeben ist.

Das obere Ende der Tropfröhre ist mit einem Dreiweghahn verbunden, der es gestattet, entweder den Ansaugschlauch oder die ausgezogene (und gegen Bruch durch ein übergestülptes mit einer Öffnung versehenes Reagensglas geschützte) Capillare zu verbinden. Die Arbeitsweise mit dieser leicht selbst herzustellenden Apparatur ist einleuchtend und bedarf keiner weiteren Erklärung. Da bei der neuen Arbeitsweise die Genauigkeit stark gesteigert ist, kommt auch der Einfluß der Temperatur wesentlich in Frage. Aus diesem Grunde wird vor und nach jeder Messung die Temperatur der Flüssigkeit genau bestimmt. Das Thermometer dient gleichzeitig zur Festlegung des Beginnes der Zählung: Nachdem die Flüssigkeit zunächst ein großes Stück über die obere Marke der Tropfröhre hinaufgesaugt ist, läßt man sie langsam auslaufen und hält das Thermometer in einem Winkel von etwa 75° zur Senkrechten an die Kante der Abtropffläche; mit einem kurzen Ruck entfernt man das Thermometer dann, wenn die Flüssigkeit die obere Marke passiert. Auf diese Weise erhält man die Abgrenzung des Flüssigkeitvolumens, dessen Tropfenzahl man bestimmen will, mit der nötigen Genauigkeit.

Da einerseits die Wasserwerte der verschiedenen Tropfröhren unter sich differieren, andererseits der Wasserwert von der Temperatur abhängt, ist es nicht vorteilhaft, die Tropfenzahl als Maß der Oberflächenspannung anzugeben, wie es die meisten Autoren tun. Aus diesem Grunde geben wir für die Harne nicht die Tropfenzahl selbst an, sondern die Zahl, die angibt, um wieviel Prozent die Tropfenzahl des Harnes gegenüber derjenigen des Wassers vermehrt ist. In Erinnerung an den „Begründer der Kolloidchemie", *Thomas Graham* (1805—1869), haben wir für die Einheit der Oberflächenaktivität den Namen *Graham* (abgekürzt Gh) vorgeschlagen[11]. Entgegen einer früheren Angabe muß die Definition dieser Größe folgendermaßen lauten: „1 Gh ist die Oberflächenaktivität eines gelösten Stoffes*, die die Tropfenzahl seiner Lösung gegenüber derjenigen des reinen Lösungsmittels um 1% erhöht." Die einfachste Formel, nach der man die Oberflächenaktivität eines Stoffes — oder weniger genau ausgedrückt einer Lösung, also auch eines Harnes — errechnen kann, lautet:

$$Gh = \left(\frac{gtt_x}{gtt_w} - 1\right) \cdot 100,$$

worin gtt_x die Tropfenzahl des Harnes, gtt_w die Tropfenzahl des Wassers, bei gleicher Temperatur und in der gleichen Tropfröhre gemessen, bedeutet. Der Kürze wegen werden in folgendem meist nur die Gh-Werte unter Auslassung der Tropfenzahl angegeben.

---

* Den gelösten Stoffen, die die Oberflächenspannung eines Lösungsmittels herabsetzen, hat *Bechhold*[11] den Namen „Stalagmone" gegeben, *Michaelis*[24] spricht von „bathotonen Stoffen"; im folgenden ist der erstgenannte Name verwendet.

Die früheren Werte bis Harn Nr. 4086 sind nach einer anderen Formel berechnet, nämlich

$$Gh = \left(1 - \frac{gtt_w}{gtt_x}\right) \cdot 100;$$

es hat sich herausgestellt, daß aus theoretischen Gründen diese Formel nicht einwandfreie Werte liefert, wenn die Erniedrigung der Oberflächenspannung erheblich ist. Für Harn kommt der Fehler kaum in Betracht, doch haben wir trotzdem die neueren Messungen nach der berichtigten Formel berechnet. Hieraus erklärt sich, daß die absoluten Werte der Gh höher liegen als die nach der alten Formel berechneten. Da es sich jedoch immer um Vergleichsmessungen handelt, spielt diese Abweichung keine Rolle, wenn man es vermeidet, Werte, die nach der alten Formel berechnet sind, mit solchen zu vergleichen, denen die neue Formel zugrunde gelegt worden ist.)

§ 3. Die Beziehung der Oberflächenspannung zum spezifischen Gewicht des Harnes.

Wie oben erwähnt, vermuteten bereits *W. D.* und *F. G. Donnan*[7], daß die durch körperliche Anstrengungen bedingte Erniedrigung der Oberflächenspannung mit der Erhöhung des spezifischen Gewichts zusammenhängt. An anderer Stelle[12] haben wir bereits gezeigt, daß auch für normale Harne ein exakter Zusammenhang zwischen Oberflächenspannung und Dichte besteht. Es ist deshalb erforderlich, bei allen Beurteilungen der stalagmometrischen Effekte beim Harn die Dichte zu berücksichtigen.

Wie wenig geklärt die gesamte Frage nach den Oberflächenspannungsverhältnissen des Harnes vor unseren ersten Publikationen noch war, geht z. B. schlagend aus der Zusammenstellung der in der Literatur vorhandenen Angaben über diese Abhängigkeit von der Dichte hervor.

So berichtet *Adlersberg*[1], daß die Schwankungen der Oberflächenaktivität antibat dem spezifischen Gewicht verlaufen sollen; *Donnan*[7] findet, daß sich beide Größen gleichsinnig ändern; *Posner*[27] endlich berichtet, daß keine direkte Beziehung zwischen Oberflächenaktivität und Dichte besteht. Auch *Goldwasser*[10] lehnt eine direkte Beziehung ab, weil der nachträgliche Zusatz von solchen Stoffen, die die Dichte ändern (wie Harnstoff, Kochsalz, Phosphate usw.), die Oberflächenspannung nicht ändert; dies ist natürlich ein Trugschluß, da zwischen den natürlichen im Harn enthaltenen Stoffen und solchen nachträglich zugesetzten künstlichen ein großer Unterschied ist. Über die Berechtigung von Schlüssen an einem „synthetischen Harn" braucht wohl kein Wort verloren zu werden! Außerdem bezieht sich die Ablehnung des Zusammenhangs zwischen Dichte und Oberflächenspannung nur auf die eigenartige Methode *Goldwassers*, die Stalagmone auf ein Harnvolumen von 100 ccm zu beziehen; dies kann entgegen der Ansicht *Goldwassers* selbstverständlich nicht durch einfache Divisionen geschehen — seine Beobachtungen beziehen sich auf 4 (!) Harne —, denn schon nach den alten Versuchen von *Duclaux*[8] entspricht die Konzentrationsfunktion der Oberflächenspannung in den einfachsten

Fällen einer Exponentialformel; meist liegen die Verhältnisse aber wesentlich komplizierter; s. hierüber die Zusammenstellungen von *Freundlich*[9], *Kremann*[21], *Bakker*[2] u. a.

Somit finden sich für die drei möglichen Ansichten Autoren, die ihre Meinungen meist auf Grund der Messungen von 6—8 normalen Harnen gebildet haben, von denen z. B. in der Arbeit *Donnans* mindestens 2 Harne bereits pathologisch erscheinen. Eine andere Gruppe von Autoren, nämlich *H. Bechhold*[4] und seine Schüler *Ziegler, Schemensky, Zandrén* u. a. glauben, diese Schwierigkeiten umgehen zu können, indem sie nicht den ursprünglichen Harn zu Untersuchungen verwenden, sondern diesen zunächst auf eine Einheitsdichte, nämlich auf $D = 1,010$ verdünnen. Zunächst erscheint diese Zahl unpraktisch gewählt, denn wie soll man mit Harnen von dem spez. Gewicht 1,009 und darunter verfahren, die z. B. bei der Beurteilung des Diabetes von Interesse sind? Weiterhin ist aber zu prüfen, ob diese Maßnahme überhaupt zulässig ist, und dabei sind wir zu durchaus anderen Ansichten gekommen als die genannten Autoren. Aus folgenden theoretischen Gründen ist die Verdünnung der Harne auf $D = 1,010$ oder irgendeine andere Einheitsdichte unzulässig: Nach *Kiesel*[20], *Lichtwitz*[22] u. a. sind die Stalagmone des Harnes in kolloider Zerteilung; dies haben auch wir, allerdings nur zum Teil, bestätigen können[13]. Wenn dies aber so ist, ist mit der Veränderung des Dispersitätsgrades beim Verdünnen durchaus zu rechnen; wir wissen z. B. aus *Wo. Ostwalds*[26] Untersuchungen des Kongorubins, daß dieser kolloide Farbstoff beim Verdünnen seiner Lösungen unter Umständen seinen Dispersitätsgrad im Sinne einer Teilchenverkleinerung oder Dispersion ändert; anderseits ist bekannt, daß Eiweißkörper beim Verdünnen bis zur Koagulation vergröbert oder kondensiert werden können. Ändert sich aber der Dispersitätsgrad der Körper, die die Oberflächenspannungserniedrigung hervorrufen, so kann sich auch ihre Adsorbierbarkeit an der Grenzfläche beim Verdünnen ändern, und es ist somit nicht gewährleistet, daß 2 Harne, die bei gleichem spezifischen Gewicht gleiche Oberflächenaktivität zeigen, auch nach dem Verdünnen auf eine niedrigere Dichte noch gleiche Gh-Werte aufweisen.

Bechhold[3]) vertritt nun den eigenartigen Standpunkt, daß die Verdünnung des Harnes in vitro aus dem Grunde zulässig sei, weil man durch große perorale Wassergaben im Tierversuch in vivo eine entsprechende Verdünnung erzielen kann. Zunächst ist wohl nicht anzunehmen, daß der Organismus den Harn mit destilliertem Wasser verdünnt, wie dies *Bechhold* im Reagensglas tut; aber auch die eher den Verhältnissen in vivo entsprechende Verdünnung mit physiologischer Kochsalzlösung ist nicht zulässig. Diese theoretischen Erwägungen gegen die Verdünnungsmethode *Bechholds* werden bestätigt durch die praktischen Ergebnisse unserer Untersuchungen. Über diese geben die folgenden Tabellen Auskunft.

Tabelle 1. *Harne gleicher Oberflächenspannung und Dichte vor dem Verdünnen.*

Harn Nr.	Unverdünnter Harn		Mit H_2O verdünnt		Mit 0,9 proz. NaCl verdünnt	
	Dichte	Gh	Dichte	Gh	Dichte	Gh
2151	1,017	+ 7,8	1,010	+ 1,2	1,010	— 3,2
730	1,017	+ 7,8	1,010	+ 1,4	1,010	— 2,2
521	1,022	+ 10,2	1,010	+ 2,1	1,010	— 2,4
481	1,022	+ 10,2	1,010	+ 1,9	1,010	— 2,0
1103	1,019	+ 9,8	1,010	+ 0,7	1,010	— 4,1
44	1,019	+ 9,9	1,010	+ 1,0	1,010	— 3,6

Aus dieser Tabelle ersieht man, daß Harne, die unverdünnt gleiche Dichte und Oberflächenspannung haben, nach dem Verdünnen auf 1,010 verschiedene Gh-Werte zeigen. Umgekehrt erhält man auch von verschiedenen oberflächenaktiven Harnen solche gleicher Oberflächenspannung durch die Verdünnung.

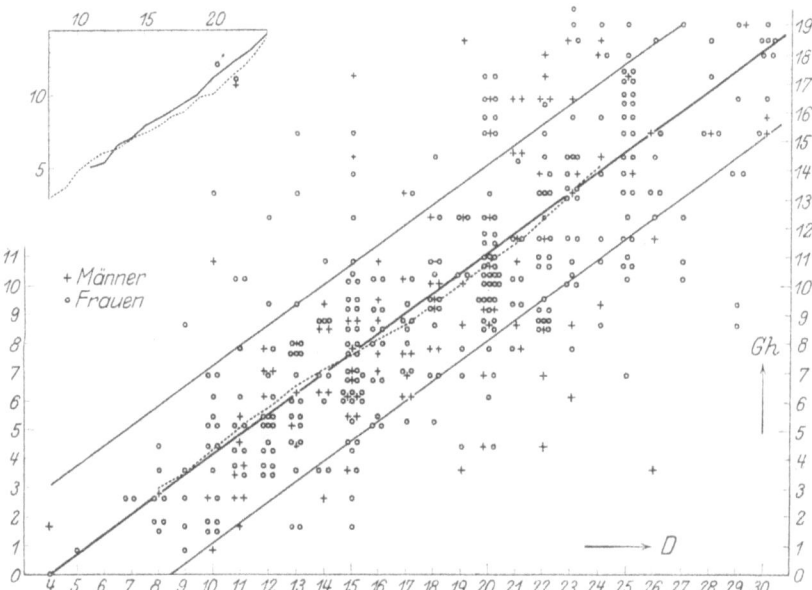

Abb. 2. Die Abhängigkeit der nach der alten Methode gemessenen Oberflächenaktivität des Harnes von dessen spezifischem Gewicht*.

Tabelle 2.
Harne gleicher Dichte und verschiedener Oberflächenspannung vor dem Verdünnen.

Harn Nr.	Unverdünnter Harn		Mit H$_2$O verdünnt		Mit 0,9 proz. NaCl verdünnt	
	Dichte	Gh	Dichte	Gh	Dichte	Gh
2464	1,020	+ 9,4	1,010	+ 2,5	1,010	+ 0,7
1872	1,020	+ 9,7	1,010	+ 2,5	1,010	+ 0,7
784	1,013	+ 6,2	1,010	+ 0,9	1,010	− 2,5
1504	1,013	+ 5,9	1,010	+ 1,0	1,010	− 2,5

Es ist selbstverständlich außerordentlich schwer, solche Harnpaare zu finden, und so müssen wir uns mit den angeführten 5 Paaren, die bei der Durchsicht von 3200 untersuchten Harnen gefunden wurden, begnügen. Immerhin sind diese Zahlen so deutlich, daß die Verdünnungsmethode *Bechholds* schon auf Grund dieser Unterschiede abgelehnt werden muß.

Zur Klärung der Frage nach dem Zusammenhang zwischen Oberflächenspannung und spezifischem Gewicht wurde nun eine große Zahl

---

* Die Abb. ist entnommen einer Arbeit von *F.-V. v. Hahn*, Kolloidchemische Harnuntersuchungen. I. Mitt. Biochem. Z. **178**, 245 (1926).

von Harnen untersucht. Es wurde streng darauf geachtet, daß nur Harne von Personen verwendet wurden, die vom klinischen Standpunkt aus gesund waren. Um gleichmäßige Zahlen zu erhalten, wurden nur Nachtharne verwendet, d. h. solche, die zwischen 8 Uhr abends und 8 Uhr morgens sezerniert waren.

In Abb. 2 sind die Werte für 316 normale Harne eingetragen. Als Ordinate ist die Oberflächenaktivität in Gh, als Abszisse das spezifische Gewicht (in der üblichen Weise durch die zweite und dritte Dezimalstelle angegeben) aufgetragen. Wenn man für die Gh-Werte jedes einzelnen spezifischen Gewichts den Durchschnitt ausrechnet und diese Punkte verbindet, so erhält man die in der Abb. 2 punktiert gezeichnete Linie. Wie ersichtlich, ist diese Linie fast eine Gerade. Wie zu zeigen sein wird, begeht man keinen aus der Grenze der Versuchsgenauigkeit herausfallenden Fehler, wenn man diese punktierte Durchschnittslinie durch eine Gerade ersetzt; diese ist in Abb. 2 stark ausgezogen.

Jede Gerade in einem Koordinatensystem läßt sich nun durch eine Gleichung ersten Grades ausdrücken. Die empirische Gleichung, die wir aus unseren Messungen ableiten konnten, lautet nun $Gh = (D - 1{,}004) \cdot 690$ oder, wenn man als spezifisches Gewicht nur die zweite und dritte Dezimalstelle angibt: $Gh = (d - 4) \cdot 0{,}69$.

Diese Angaben beziehen sich auf Messungen nach der ersten Methode. Wenn man das Stalagmometer vor der Messung abwischt (s. o.), erhält man eine größere Genauigkeit der Werte; die einzelnen Punkte liegen demzufolge genauer auf einer Linie. Wir haben, um Einflüsse der Umwelt und vor allem der Anstrengung und Aufregung zu vermeiden, die „Null-Linie", d. h. die Abhängigkeitskurve der Oberflächenspannung von der Dichte, diese neuere Meßart an einem gleichmäßigeren Menschenmaterial bestimmt, als dies bei den älteren Arbeiten der Fall war, wo wir solche Patienten des Eppendorfer Krankenhauses benutzten, bei denen kein pathologischer Befund des Harnes zu erwarten war; wir sind den Herren Professor *Brauer*, Professor *Mulzer* und Professor *Sudeck* vom Eppendorfer Krankenhaus für die Überlassung dieses Materials sehr zu Dank verpflichtet. Zu der Untersuchung des Einflusses der Dichte bei Oberflächenspannungsmessungen nach der neuen Methode bedienten wir uns eines Materials, das uns der leitende Oberarzt der Strafanstalten Hamburg-Fuhlsbüttel, Herr Dr. *Roesing*, liebenswürdigerweise zur Verfügung stellte; 285 Harne von männlichen Zuchthäuslern wurden auf Oberflächenaktivität und spezifisches Gewicht untersucht; in allen Fällen wurden Nachtharne verwendet, wobei im Sinne der nachstehend auszuführenden Gesetzmäßigkeiten Wert darauf gelegt wurde, daß die Versuchspersonen von ruhiger Gemütsstimmung waren. Abb. 3 zeigt die Abhängigkeit der Oberflächenaktivität vom spezifischen Gewicht in graphischer Darstellung (entsprechend Abb. 2 für die alte Methode). Die hieraus abzuleitende empirische Gleichung hat die Form:

$$Gh = (D - 1{,}007) \cdot 970,$$

oder, wenn man als spezifisches Gewicht nur die 2. und 3. Dezimale angibt:
$$Gh = (d - 7) \cdot 0{,}97.$$

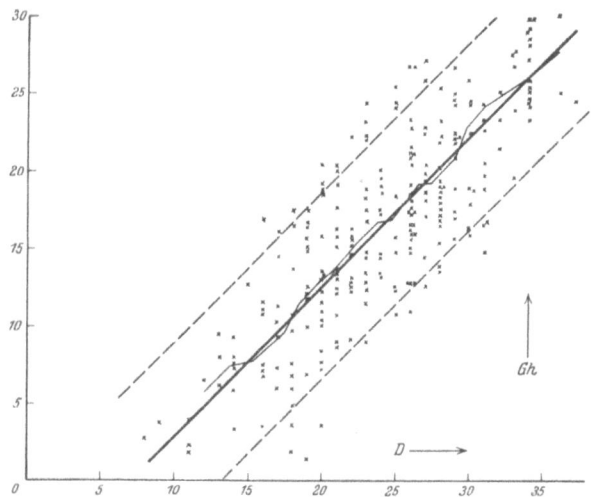

Abb. 3. Die Abhängigkeit der nach der neuen Methode gemessenen Oberflächenaktivität des Harnes von dessen spezifischem Gewicht.

Wenn man als zulässige Schwankungsbreite $\pm\, 4\, Gh$ ansieht, so fallen in das in Abb. 3 durch die dünnen Linien abgegrenzte Band 94% der Werte.

§ 4. *Kritische Besprechung weiterer in der Literatur vorgeschlagener Aufbereitungen des Harnes vor der Oberflächenspannungsmessung.*

Ehe auf die Ergebnisse unserer Messungen an körperlich und geistig angestrengten Menschen eingegangen werden kann, ist zu erörtern, aus welchem Grunde wir nicht die Bestimmung eines stalagmometrischen Quotienten vorgenommen haben, wie sie von *Schemensky*[29] vorgeschlagen worden ist. Dieser Autor verfährt so, daß er zunächst die Oberflächenspannung des Harnes bestimmt, dann die „Kolloide" durch 10 proz. Zusatz von Tierkohle adsorbiert und wiederum die Oberflächenspannung bestimmt. Durch Division der beiden Werte erhält er den „stalagmometrischen Quotienten". Schon *Goldwasser*[10] zeigte, daß fast sämtliche oberflächenaktiven Substanzen adsorbiert werden, sodaß die Oberflächenspannung nach der Adsorption meist die gleiche ist wie die des reinen Wassers! Die Abweichungen liegen innerhalb der Fehlergrenze.

Es ist also eine verkappte Wasserwertbestimmung, die *Schemensky* bei seinen stalagmometrischen Quotienten vornimmt. Auch die Einstellung auf bestimmte Wasserstoffionenkonzentrationen wurde nicht vorgenommen, da die Änderungen minimal sind. *Schemensky* glaubt die Notwendigkeit der Einstellung auf einen p_H, der dem Umschlag von Methylorange entspricht, aus Versuchen ableiten zu können, die er mit nachträglichem Zusatz von Salzsäure zu Harn gemacht hat; es ist selbstverständlich unrichtig zu schließen, daß der „native p_H" in gleicher Weise wirkt, wie der in vitro veränderte.

Da der Einfluß von Konservierungsmitteln trotz der eingehenden Untersuchungen von *Kiesel*[20] u. a. nicht genügend gesichert erscheint, wurde auch hierauf verzichtet und die Messung ausnahmslos wenige Stunden nach der Entnahme des Harnes vorgenommen. Somit ergibt sich als Schlußfolgerung der bisher dargelegten Umstände, daß alle Oberflächenaktivitätsangaben sich auf frischen, nachträglich in keiner Weise veränderten Harn beziehen müssen.

Im folgenden geben wir als korrigierte Graham ($Gh_{\text{corr.}}$) die Differenz zwischen den aus den Messungen berechneten Gh-Werten und den für das betreffende spezifische Gewicht des Harnes nach den obigen Formeln berechneten Gh-Wert an. Erhöhungen über 3 Gh bei der alten, 4 Gh bei der neuen Meßmethode sind bei Nachtharnen als pathologische Werte zu bezeichnen.

§ 5. *Der Einfluß der Sporttätigkeit auf die Oberflächenspannung des Harnes.*

Da auch wir, wie erwähnt, zunächst der Ansicht waren, daß die körperliche Betätigung einen Einfluß auf die Oberflächenspannung des Harnes haben könnte, haben wir an Fußballspielern eingehende Untersuchungen über die Beschaffenheit des Harnes vor und nach dem Spiel gemacht. Es stellten sich im Herbst 1925 der Hamburger Sportverein (H.S.V.), der Sportklub Victoria v. 1897, die Sportvereinigung Polizei Hamburg v. 1920 und der Fußballklub St. Pauli im Hamburger St. Pauli Turnverein in entgegenkommender Weise zur Verfügung. An diesen Mannschaften wurden vor und nach dem Spiel die Messungen vorgenommen. Es wurde so verfahren, daß den Spielern etwa 20 Minuten vor Beginn des Spiels Uringläser gegeben wurden, wobei gleichzeitig die Pulszahl jedes einzelnen ermittelt wurde. (Pulszahl = Anzahl der Pulsschläge in 10 Sekunden.) Von den Harnen wurde sofort das spezifische Gewicht bestimmt und ein Reagenzglas voll zum Mitnehmen abgefüllt. Das gleiche wiederholte sich etwa 20 Minuten nach Beendigung des Spiels. Am selben Tag wurde von den Harnen die Oberflächenspannung, der Kochsalzgehalt und der Harnstoffgehalt bestimmt*.

---

* Zur Methodik dieser Bestimmungen: Der Kochsalzgehalt wurde durch Titrieren des Chlorgehalts nach *Mohr*[34] bestimmt, der Harnstoffgehalt in der

Die Tab. 3 gibt die Werte wieder, wobei die Versuchspersonen nach ihrer Stellung im Spiel geordnet sind. Unter jeder Gruppe sind die durchschnittlichen Werte vermerkt. Diese Zahlen sind in Abb. 4 graphisch dargestellt.

Aus diesen Messungen geht hervor:

1. Bei 86% aller Spieler (43 von 49) ist die Oberflächenaktivität des Harnes nach dem Spiel höher als vorher. Die durchschnittliche Oberflächenaktivitätserhöhung durch das Spiel beträgt 4,9 Gh. Die stärkste Erhöhung zeigen die Torwarte (5,5 Gh), gleichviel die Verteidiger, etwas weniger die Mittelstürmer (5,2 Gh), dann folgen Läufer (4,9 Gh) und endlich Seitenstürmer (3,6 Gh).

2. Das spezifische Gewicht nimmt bei 82% der Spieler (40 von 49) zu, bleibt bei 8% (4 von 49) gleich und nimmt bei den übrigen ab. Die durchschnittliche Zunahme beträgt 1,0033. Demnach konnte man zunächst annehmen, die *Donnan*sche[7] Abhängigkeit der Oberflächenspannung vom spezifischen Gewicht bei körperlicher Anstrengung (s. o.) bestehe zu Recht, wenngleich der Einfluß der Dichte auf die Oberflächenaktivität in den obigen Gh-Werten bereits durch die Korrekturformel eliminiert worden ist. Wenn man aber genauer die Zahlen vergleicht, sieht man, daß kein Zusammenhang zwischen der Dichtezunahme und der Oberflächenaktivitätssteigerung bestehen kann, denn z. B. haben die Läufer eine Dichteerhöhung von 1,9 und eine Oberflächenaktivitätssteigerung von 4,9, dagegen die Seitenstürmer eine Dichteerhöhung von 5,8 und eine Oberflächenaktivitätssteigerung von 3,6!

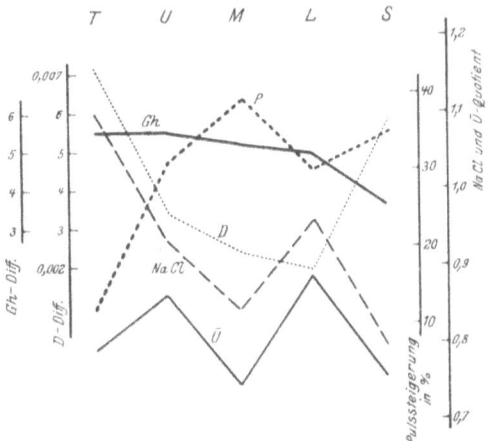

Abb. 4. Ergebnisse der Harnmessungen an Fußballspielern.

3. Die körperliche Anstrengung wird cum grano salis durch die Pulszahl wiedergegeben; wir sind uns bewußt, daß dieser „Maßstab" nicht als ideal zu bezeichnen ist; irgendwelche Dynamometermessungen usw. konnten aber den Mannschaften der Sportvereine nicht zugemutet werden. Außerdem entspricht das Verhältnis der Pulszahlsteigerung bei den einzelnen Klassen der Spieler recht genau der allgemeinen Anschauung über die körperliche Anstrengung: Die Mittelstürmer stehen mit 39% an der

---

außerordentlich praktischen Apparatur von *O. Schumm*[31], welcher nach der Brommethode arbeitet.

Spitze, dann folgen die Seitenstürmer mit 36%, die Verteidiger mit 31%, die Läufer mit 30% und die Torwarte mit 12%! Schon aus dieser Darlegung sieht man, daß es im höchsten Maße unwahrscheinlich ist, daß die Erhöhung der Oberflächenaktivität eine direkte Funktion der körperlichen Anstrengung ist, denn gerade Torwarte und Verteidiger zeigen die höchsten Gh-Werte und die niedrigsten Puls-Quotienten. Wenn die Ansicht von *Donnan* und *Zandrén*[35] richtig wäre, müßte die Abb. 4 die Gh-Kurve und Pulszahlkurve symbath verlaufen.

4. Der Kochsalz- und Harnstoffgehalt geht weder mit dem spezifischen Gewicht noch mit der Oberflächenspannung, noch endlich mit der Pulszahl parallel. Unter sich verlaufen die Kurven symbath bis auf den Wert für Torwärter, auf den man aber deshalb kein Gewicht legen darf, weil für den Harnstoffquotienten nur eine Messung zur Verfügung stand. Im ganzen genommen sind Kochsalz- und Harnstoffgehalt nach dem Spiel niedriger als vor dem Spiel, und zwar um durchschnittlich 8% für NaCl und 18% für CON_2H_4.

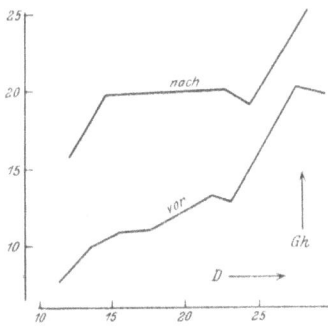

Abb. 5. Das Verhältnis der Oberflächenaktivität zum spezifischen Gewicht beim Harn von Fußballspielern.

Der Ausfall dieser Messungen brachte uns auf den Gedanken, daß vielleicht die Aufregung als Ursache für die Oberflächenaktivitätssteigerung anzusehen sein könnte. Es ist bekannt, daß sich die Aufregung dann besonders bemerkbar macht, wenn keine besonderen Ablenkungen durch körperliche Bewegung gleichzeitig vorhanden sind. Dies erklärt vielleicht die besonders hohen Werte bei den Torwärtern. Die Mittelstürmer als Spielführer haben trotz der großen körperlichen Anstrengung die größte Aufregung.

Betrachtet man die Fußballspieler — ohne Berücksichtigung ihrer Stellung im Spiel — als Einheit, so sieht man aus den Harnwerten, daß für jede Dichte die Oberflächenaktivität nach dem Spiel höher liegt als vor dem Spiel. Wenn dies, wie aus Abb. 5 hervorgeht, ganz allgemein gilt, so ist es naheliegend, einen anderen Zusammenhang zu suchen, als es gerade die körperliche Arbeit ist, die für die verschiedenen Spieler so sehr different ist.

§ 6. *Der Einfluß körperlicher Arbeit auf die Oberflächenspannung des Harnes.*

Um das Erregungsmoment auszuschalten, unternahmen wir Messungen an schwerarbeitenden Versuchspersonen. Wir sind der Betriebsleitung der Vulkanwerft in Hamburg zu großem Dank dafür verpflichtet, daß sie uns im November 1926 an 30 Arbeitern die Messung der Harnwerte ermöglichte. In Tab. 4 sind die Werte zusammengestellt; es wurden sowohl geübte Arbeiter zur Untersuchung benutzt als auch ungeübte. In der Tab. sind die Versuchspersonen mit Nummern angegeben; die Bedenken der Arbeiter gegen derartige Untersuchungen, hinter denen sie meist Schikanen der Krankenkasse oder Versicherungsgesellschaften vermuten, ließen sich nur dadurch überwinden, daß sie ihren Namen nicht zu nennen brauchten; sie erhielten Kontrollmarken mit Nummern, die sie bei der 2. Messung wieder abgeben mußten. In der 3. Spalte der Tab. 4 ist durch Buchstaben angegeben, welche Beschäftigung der betreffende Arbeiter hatte, und zwar bedeutet N die Nieter, die die größte körperliche Anstrengung durch Hantieren mit den schweren Niethämmern zu leisten haben. Im Gegensatz dazu haben die mit A bezeichneten Anwärmer, meist Jugendliche, die geringste körperliche Anstrengung zu leisten. Diejenigen Versuchspersonen, bei denen keine Buchstabenbezeichnung in Spalte 3 zu finden ist, stehen bezüglich der körperlichen Anstrengung zwischen den beiden Gruppen.

Das Ergebnis dieser Messungen ist folgendes:

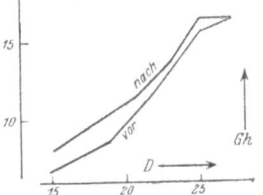

Abb. 6. Das Verhältnis der Oberflächenaktivität zum spezifischen Gewicht beim Harn von Werftarbeitern.

1. Im Durchschnitt ist die Oberflächenspannung des Harnes nach der Arbeit etwas niedriger als vor der Arbeit, im Durchschnitt 0,39 Gh. Da man bei den Harnwerten mit mindestens 1 Gh Fehlerbreite rechnen muß, — die Streuung der Normalwerte in Abb. 2 weist sogar auf eine Fehlerbreite von 3 Gh hin — liegen die hier beobachteten Werte noch innerhalb der Fehlergrenze. Man kann also nicht von einem Effekt in dem Sinne sprechen, daß vermehrte Arbeitsleistung zu einer erhöhten Oberflächenaktivität des Harnes führt. Der Unterschied zwischen geübten Arbeitern und ungeübten ist unerheblich; im ersten Fall beobachtet man 0,13 Gh, im zweiten 0,66 Gh; es ist nicht zu verkennen, daß auch bei diesen Versuchen, zumal bei Männern, die zum erstenmal, und noch dazu unter den Augen des Arbeitgebers mit dem Niethammer beschäftigt werden, sich eine gewisse Aufregung bemerkbar machen wird.

In Abb. 6 sind die Mittelwerte für Gh_{corr} geordnet nach dem spezifischen Gewicht aufgezeichnet. Man sieht, daß die Kurve für die Werte *vor* der Arbeit ungefähr die gleiche Lage hat, wie die Kurve der Werte nach der Arbeit; die größte Abweichung beträgt bei Dichte 1,019 nur 1,8 Gh!

2. Das spezifische Gewicht nimmt im Durchschnitt um 1,00006 zu, bleibt also praktisch gleich. Gerade in den Fällen, in denen eine größere Änderung des spezifischen Gewichts zu beobachten ist, ist keine ein-

Tabelle 3. Ergebnisse der Harnmessungen an Fußballspielern.

Journal Nr.	Name	Pulszahl vor	Pulszahl nach	Spez. Gewicht vor	Spez. Gewicht nach	Tropfenzahl vor	Tropfenzahl nach	Gh_{corr} vor	Gh_{corr} nach	Kochsalzgehalt vor	Kochsalzgehalt nach	Harnstoffgehalt vor	Harnstoffgehalt nach	Proz. Puls-eth.	Spez. Gew. Diff.	Gh_{corr} Diff.	Koch-salz-Quot.	Harn-stoff-Quot.
								Torwärter:										
2230	Bl.	22	23	1011	1020	58,5	64,5	+3,7	+ 8,0	—	—	—	—	4,6	+ 9	+4,3	—	—
2231	Bla.	18	20	1018	1027	58	65,5	−0,1	+ 5,3	1,26	1,13	—	—	11,1	+ 9	+5,4	0,897	—
2253	Sch.	19	21	1025	1030	59,5	65,5	−1,8	+ 3,6	1,42	0,91	—	—	10,5	+ 5	+5,4	0,641	—
2295	St.	14	17	1017	1023	59	66,5	+2,0	+ 8,8	1,31	2,31	1,26	1,00	21,4	+ 6	+6,8	1,764	0,794
													Mittel:	11,9	+7,2	+5,5	1,101	0,794
								Verteidiger:										
2231	We.	12	19	1012	1014	58,5	65,5	+3,2	+12,5	—	—	—	—	58,2	+ 2	+9,3	—	—
2232	Ri.	15	21	1025	1025	64	68,5	+4,6	+12,8	—	—	—	—	40,2	± 0	+8,2	—	—
2235	Be.	18	18	1025	1023	60,5	63,5	−0,3	+ 4,6	1,56	0,61	—	—	0,0	− 2	+4,9	0,391	—
2255	Gün.	15	17	1023	1021	63,5	61,5	+3,9	+ 3,4	1,60	0,46	—	—	13,3	− 2	−0,5	0,287	—
2257	Mü.	15	18	1027	1028	65,5	66	+5,3	+ 5,4	1,92	0,95	—	—	20,0	+ 1	+0,1	1,494	—
2276	Wi.	13	20	1023	1028	57,5	65,5	−3,7	+ 4,9	1,39	2,16	1,86	0,94	53,9	+ 5	+8,6	1,161	0,498
2278	Mi.	18	21	1015	1028	56,5	67,5	−1,0	+ 7,3	1,00	2,15	1,24	1,36	16,7	+13	+8,3	2,150	1,097
2298	Güt.	15	22	1021	1027	58	64	−1,8	+ 3,5	1,08	1,64	1,32	1,18	46,7	+ 6	+5,3	1,518	0,894
2300	Sp.	18	23	1015	1023	56,5	63	−1,0	+ 4,3	1,96	1,04	1,02	0,98	27,8	+ 8	+5,3	0,531	0,961
													Mittel:	31,8	+3,4	+5,5	0,933	0,864
								Läufer:										
2233	La.	11	17	1020	1013	64	60,5	+7,4	+ 6,2	—	—	—	—	54,5	− 7	−1,2	—	—
2224	Hal.	14	16	1023	1022	61,5	62,5	+2,2	+ 4,3	—	—	—	—	14,3	− 1	+2,1	—	—
2221	Ob.	15	16	1019	1019	59,5	64,5	+1,5	+ 8,1	—	—	—	—	6,6	+ 1	+6,6	—	—
2236	Bo.	17	19	1024	1024	60,5	62,5	+0,2	+ 3,1	2,18	1,38	—	—	11,7	± 0	+2,9	0,633	—
2241	Ca.	13	16	1028	1028	61,5	67	−0,3	+ 6,8	1,79	0,68	—	—	23,1	± 0	+7,1	0,374	—
2259	Ang.	19	20	1014	1012	60,5	59,5	+5,8	+ 5,4	1,12	0,71	—	—	5,3	− 2	−0,4	0,634	—
2261	Ei.	13	17	1011	1020	56,5	64,75	+1,2	+ 8,6	0,46	0,94	—	—	30,8	+ 9	+7,4	2,044	—
2263	And.	17	19	1021	1022	63,5	65,5	+6,0	+ 8,1	1,34	0,27	—	—	11,7	+ 1	+2,1	0,201	—
2280	Gri.	15	23	1019	1024	56,5	63,5	−3,2	+ 4,3	1,19	1,40	1,68	1,32	53,3	+ 5	+7,5	1,176	0,786
2282	Schm.	12	19	1025	1030	57,5	66,5	−4,8	+ 4,9	1,80	2,30	1,86	1,38	58,3	+ 5	+9,7	1,278	0,742

des Harnes bei physischer und psychischer Alteration. 313

2284	Scho.	11	17	1019	1024	57	62,5	−2,4	+ 3,1	1,50	1,30	1,32	1,46	54,5	+ 5	+ 5,5	0,867	1,106
2302	Sa.	15	20	1020	1021	58	61,5	−1,2	+ 2,7	1,31	1,23	1,40	1,48	33,3	+ 1	+ 3,9	0,939	1,057
2304	Wu.	15	20	1010	1023	54,5	65,5	−1,8	+ 7,5	0,50	0,67	0,66	0,67	33,3	+13	+ 9,3	1,340	1,015
2305	Har.	16	21	1025	1021	58,5	61,5	−3,3	+ 3,4	1,42	1,54	1,64	1,06	31,3	− 4	+ 6,7	1,084	0,646
													Mittel:	30,1	+1,9	+ 4,9	0,961	0,892
							Seitenstürmer:											
2225	Vo.	10	13	1021	1026	62,5	66,5	+4,8	+ 7,1	—	—	—	—	30,0	+ 5	+ 2,3	—	—
2228	Es.	13	17	1018	1021	61,5	63,5	+5,2	+ 5,0	—	—	—	—	30,8	+ 4	+ 2,0	—	—
2243	Ko.	12	18	1022	1025	57,5	64,5	−3,1	+ 5,2	1,37	0,24	—	—	50,0	+ 3	+ 8,3	1,752	—
2265	Me.	13	23	1013	1019	57	60	+0,9	+ 2,3	1,41	0,57	—	—	76,9	+ 6	+ 1,4	0,404	—
2272	Le.	18	23	1009	1028	57	63,5	+3,1	+ 2,1	0,87	1,10	—	—	27,8	+19	+ 1,0	1,264	—
2286	Gr.	13	19	1021	1025	58,5	62,5	−1,1	+ 2,6	1,70	1,70	1,76	1,52	46,1	+ 4	+ 3,7	1,000	0,864
2294	Bl.	12	14	1022	1021	58,5	61,5	−1,6	+ 3,4	1,27	1,58	1,72	1,20	16,7	− 1	+ 5,0	1,244	0,697
2308	Kre.	14	20	1022	1028	59	68,5	−0,7	+ 8,5	0,92	1,66	1,68	1,24	42,8	+ 6	+ 9,2	1,804	0,738
2226	Ri.	13	20	1012	1017	58,5	64,5	+3,2	+ 9,6	—	—	—	—	53,9	+ 5	+ 6,4	—	—
2229	Wa.	16	17	1020	1023	65,5	72,5	+9,2	+15,3	—	—	—	—	25,0	+ 3	+ 6,1	—	—
2245	Wi.	17	20	1018	1021	56,5	63	−2,6	+ 5,4	—	—	—	—	17,6	+ 3	+ 8,0	—	—
2249	War.	15	21	1026	1028	59,5	69,5	−2,4	+ 9,4	1,92	1,41	1,92	1,42	40,0	+ 2	+11,8	0,734	0,740
2267	Ha.	12	16	1020	1020	57,5	59,5	−3,1	+ 1,0	0,91	0,48	0,80	0,56	33,3	± 0	+ 4,1	0,527	0,700
2271	Sv.	14	21	1030	1022	63,5	62,5	+1,0	+ 4,3	1,72	0,71	1,50	1,00	50,0	− 7	+ 3,3	0,413	0,667
2288	Na.	19	21	1021	1026	60,5	67	+1,9	+ 7,9	1,11	1,55	1,08	0,94	10,5	+ 4	+ 6,0	1,396	0,870
2292	Si.	18	19	1029	1030	65,5	66,5	+4,3	+ 4,9	5,20	3,16	—	—	94,4	+ 1	+ 0,6	0,608	—
2310	Kra.	14	21	1020	1029	57,5	67	−2,0	+ 6,2	1,19	1,23	1,50	1,00	50,0	+ 9	+ 8,2	1,034	0,754
2214	Fr.	13	20	1022	1021	59,5	62,5	−0,1	+ 4,8	1,50	1,27	1,08	0,94	53,9	− 1	+ 4,9	0,847	—
													Mittel:	41,7	+5,8	+ 3,6	0,794	0,754
							Mittelstürmer:											
2227	Hd.	13	19	1018	1020	63,5	65,5	+7,9	+ 9,2	—	—	—	—	46,3	+ 6	+ 1,3	—	—
2269	Hm.	20	20	1021	1024	62,5	62,5	+4,0	+ 3,1	1,94	0,88	—	—	0,0	− 3	− 0,9	0,454	—
2290	St.	11	21	1020	1024	56	60,5	−5,4	+ 0,2	1,34	1,40	1,78	1,32	90,9	+ 4	+ 5,6	1,045	0,742
2312	Sch.	11	20	1019	1020	57	62,5	−2,4	+ 5,4	0,88	0,91	1,38	1,04	81,9	+ 1	+ 7,4	1,034	0,754
													Mittel:	54,8	+2,4	+ 5,2	0,844	0,748
													Gesamtdurchschnitt:	35,2	+3,3	+ 4,9	0,919	0,818

Tabelle 4. *Ergebnisse der Harnmessungen an Werftarbeitern.*

Journ. Nr.	Mann Nr.	Arbeit	Geübt?	Pulszahl vor	Pulszahl nach	Spez. Gewicht vor	Spez. Gewicht nach	Tropf-Zahl vor	Tropf-Zahl nach	Graham vor	Graham nach	$Gh_{corr.}$ vor	$Gh_{corr.}$ nach	Proz. Pulsänderung	Spez. Gewicht Differenz	$Gh_{corr.}$ Differenz
2991	1	N	nein	13	18	1016	1022	63,0	60,5	18,6	14,2	+ 8,2	+ 1,4	+ 38,3	+ 6	− 6,8
2992	2	A	ja	21	21	1024	1026	56,5	60,0	6,6	13,4	− 6,0	− 1,6	− 4,7	+ 2	+ 4,4
2993	3	A	nein	20	18	1023	1027	61,5	69,0	16,1	30,2	+ 2,3	+ 9,5	− 9,8	+ 4	+ 7,2
2994	4	N	nein	15	19	1025	1027	61,0	60,0	15,2	13,4	+ 0,5	+ 2,1	+ 26,6	+ 2	+ 2,6
2995	5		nein	18	18	1017	1013	57,5	57,5	8,5	8,5	− 0,4	− 1,7	± 0,0	− 4	− 2,1
2996	6	N	ja	24	20	1029	1025	60,0	60,6	13,4	13,4	+ 3,3	− 1,0	+ 20,0	− 4	+ 2,3
2997	7		nein	18	20	1026	1020	62,5	58,5	17,9	10,4	+ 2,0	− 0,5	+ 11,1	− 6	− 2,5
2998	8	A	ja	19	15	1031	1025	69,0	62,0	30,2	17,1	+ 7,4	− 1,8	− 20,9	− 6	− 5,6
2999	9	A	nein	20	20	1025	1021	60,5	52,5	14,1	0,0	+ 0,3	− 10,4	± 0,0	− 4	− 10,1
3000	10		ja	18	15	1020	1022	60,0	54,5	13,3	8,4	+ 1,8	− 4,0	− 16,7	+ 2	− 5,8
3001	11		ja	16	17	1026	1023	65,5	60,0	23,5	13,3	+ 5,8	+ 0,1	− 6,2	− 3	− 5,7
3002	12		nein	19	15	1025	1023	58,0	63,0	9,5	18,8	+ 3,9	+ 4,3	+ 21,1	− 2	+ 8,2
3003	13		ja	17	21	1021	1022	60,5	58,5	14,1	10,4	+ 1,9	+ 1,6	+ 23,5	+ 1	− 3,5
3004	14	N	ja	15	18	1019	1021	64,0	58,5	20,8	10,4	+ 7,9	− 1,1	+ 20,0	+ 2	− 9,0
3005	15		nein	17	16	1025	1026	61,0	59,5	15,2	12,3	+ 0,5	− 2,4	− 5,8	+ 1	− 2,9
3006	16		ja	19	21	1017	1018	54,0	57,5	1,8	8,5	− 6,6	− 0,9	+ 10,5	+ 1	+ 5,7
3007	18		ja	22	20	1020	1021	55,0	56,5	3,7	6,5	− 6,2	− 4,3	− 9,0	+ 1	+ 1,9
3008	19	N	nein	15	17	1020	1022	55,0	61,0	3,7	15,1	− 6,2	+ 2,2	+ 13,2	+ 2	+ 8,4
3009	20	A	ja	18	18	1019	1026	52,0	59,0	0,0	11,4	− 9,3	+ 3,0	± 0,0	+ 7	+ 6,3
3010	21		ja	21	18	1025	1026	54,0	60,0	1,8	13,4	− 11,0	− 1,6	− 14,3	+ 1	+ 9,4
3011	22		nein	19	20	1030	1030	58,0	60,0	9,5	13,4	− 6,7	− 3,8	+ 5,3	± 0	+ 2,9
3012	23	N	ja	16	20	1016	1029	60,5	57,0	14,1	7,6	− 4,7	+ 0,7	+ 25,0	− 0	+ 5,4
3013	24		ja	17	19	1027	1029	64,0	64,5	20,8	21,8	+ 3,5	+ 3,1	+ 11,7	+ 2	+ 0,4
3014	25	A	nein	20	15	1021	1022	55,5	57,0	4,6	7,6	− 6,0	− 4,0	− 25,0	+ 1	+ 2,0
3015	26		nein	16	17	1021	1026	62,5	59,5	17,8	12,4	+ 4,8	− 2,4	+ 6,2	+ 5	− 7,2
3016	27	A	nein	16	15	1007	1011	53,0	53,0	0,0	0,0	− 2,6	− 4,9	+ 6,2	+ 4	− 2,3
3017	28	A	nein	16	19	1026	1027	63,0	65,0	18,7	22,6	+ 2,8	+ 4,7	+ 18,6	+ 1	+ 1,9
3018	29	N	nein	15	17	1024	1022	54,0	58,5	1,8	10,4	− 10,5	− 1,6	+ 13,3	− 2	+ 8,9
3019	30	A	ja	16	16	1013	1025	52,0	59,0	0,0	11,4	− 6,0	− 2,4	± 0,0	+ 12	+ 3,6
3021	31		ja	18	16	1016	1017	51,5	57,0	0,0	7,6	− 7,6	− 1,3	− 11,1	+ 1	+ 6,3
											Durchschnitt der Geübten			3,6	+0,33	+0,13
											Durchschnitt der Ungeübten			3,4	+1,47	+0,66
											Gesamtdurchschnitt			3,6	+0,57	+0,39

heitliche Bewegung der Oberflächenaktivitätsverhältnisse wahrzunehmen; auch hierdurch wird die Ansicht von Donnan[7] und Zandrén[35] erneut widerlegt.

3. Der Pulsquotient ist bei 66% der Arbeiter nach der Arbeit erhöht. Im ganzen beträgt die durchschnittliche Erhöhung 3,6%; bei den ungeübten Arbeitern finden sich dieselben Verhältnisse wie bei den geübten; infolge der Entfernung des Arbeitsplatzes von der Krankenstube, in der die Pulsmessungen und Harnentnahmen stattfanden, war es erst möglich, etwa 35 Minuten nach Beendigung der Arbeit den Puls zu messen; hierdurch mag sich erklären, daß die beobachtete Erhöhung nicht größer ist.

§ 7. *Die Oberflächenspannung des Harnes bei gleicher körperlicher Arbeit, aber wechselnder Aufregung.*

An einem leider nur sehr kleinen Material von 3 Versuchspersonen konnte nachgewiesen werden, daß bei gleichbleibender schwerer körperlicher Arbeit die Oberflächenspannung des Harnes nur dann besonders erniedrigt ist, wenn eine seelische Erregung dazu kommt. Es stellten sich zu diesen Messungen 3 Tillergirls der Berliner Haller-Revue zur Verfügung. Die Messungen wurden einmal bei der Probe am Vormittag, das andere Mal bei der Aufführung am Abend vorgenommen. Bei beiden

Tabelle 5. *Ergebnisse der Harnmessungen bei Tillergirls.*

Journ.-Nr.	Name	Pulszahl	Spez. Gewicht	Tropf.-Zahl	Graham	$Gh_{coll.}$
Vor der Probe:						
3983	Ch.	79	1030	62,1	18,3	— 4,0
3984	El.	70	1025	58,0	10,5	— 7,0
3985	Mi.	111	1024	57,3	9,1	— 7,4
Nach der Probe:						
3983	Ch.	125	1031	64,0	21,8	— 1,5
3984	El.	94	1030	63,4	20,7	— 1,6
3985	Mi.	143	1024	59,0	12,4	— 4,1
Vor der Vorstellung:						
3986	Ch.	82	1020	56,2	6,9	— 6,3
3987	El.	80	1016	54,2	4,7	— 5,1
3988	Mi.	105	1020	56,0	8,1	— 4,5
Nach der Vorstellung:						
3986	Ch.	132	1022	63,6	22,8	+ 8,2
		(119)	(1024)	(61,8)	(19,3)	(+ 2,8)
3987	El.	105	1020	61,2	18,0	+ 5,4
		(102)	(1021)	(60,0)	(16,1)	(+ 2,5)
3988	Mi.	148	1016	58,8	13,5	+ 3,8
		(138)	(1023)	(63,0)	(21,6)	(+ 6,0)

Messungen war die körperliche Anstrengung die gleiche, da das für die abendlichen Aufführungen vorgeschriebene Programm auch am Vormittag im ganzen durchgeprobt wurde. Wie aus den Pulszahlen der Tab. 5 hervorgeht, handelt es sich um recht beträchtliche körperliche Anstrengungen. Die einzelnen Zeiten körperlicher Betätigung aneinander gereiht, ergeben 26 Minuten.

Wie aus der Tab. 5 und aus der Abb. 7 hervorgeht, liegen die Werte *vor* der Probe und *vor* der Vorstellung ungefähr auf einer Linie mit den Werten, die *nach* der Probe erhalten wurden. Die in der Pause während der Vorstellung und die *nach* der Vorstellung entleerten Harne zeigen eine sehr erheblich höhere Oberflächenaktivität; die Pausenwerte sind in der Tab. 5 in Klammern angegeben. Ihre Lage ist besonders deshalb interessant, weil zu der Zeit, wo diese Harne entleert wurden, die körperliche Anstrengung etwa erst halb so groß war, als diejenige nach der Probe. Es zeigt sich also, daß die Oberflächenaktivitätssteigerung nur parallel geht

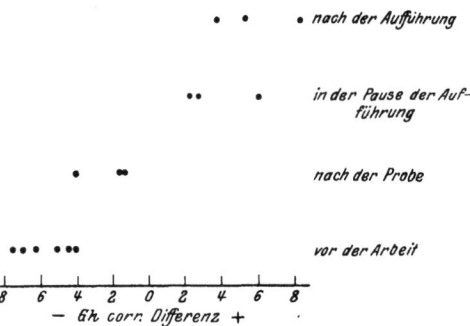

Abb. 7. Der Einfluß der Aufregung auf die Oberflächenaktivität des Harnes bei gleichbleibender Arbeit (Tillergirls).

mit der Aufregung (Lampenfieber), die, wie Befragen der Tillergirls zeigte, immer noch, trotzdem die Revue bereits längere Zeit gespielt wurde, subjektiv als sehr groß empfunden wurde und, wie der Augenschein der aufgeregten Mädchen zeigte, auch tatsächlich erheblich war.

Allzuviel Wert soll auf diese Bestimmung nicht gelegt werden, da das Versuchsmaterial zu klein ist. Immerhin bietet die absolute Eindeutigkeit der Messungsergebnisse eine gewisse Gewähr für Richtigkeit.

§ 8. Die Oberflächenspannung des Harnes bei Aufregung und Vermeidung körperlicher Arbeit.

Das andere Extrem zu den Untersuchungen an Werftarbeitern als Prototyp körperlich schwerarbeitender Menschen, die dabei keinerlei Erregung aufweisen, würden Untersuchungen an aufgeregten Menschen sein, die keine körperliche Arbeit leisten. Derartiges Material ist schwer zu beschaffen. Man könnte an Examenskandidaten denken; leider gelang es uns nicht, die Erlaubnis zu Untersuchungen an Hamburger Schulkindern zu erhalten. Andere Momente, bei denen Kinder aufgeregt zu sein pflegen, sind die Impftermine und vor allem der Besuch beim Zahnarzt. Wir haben deshalb dieses Material untersucht. Herr Oberimpfarzt des Harnes bei physischer und psychischer Alteration. 317

Tabelle 6. *Ergebnisse der Harnmessungen an Impflingen.*

Journ.-Nr.	Name	Geschl.	Alter	Pulszahl	Spez. Gewicht	Tropf.-Zahl	Graham	$Gh_{corr.}$
4087	Ser.	m.	12	96	1015	56,5	8,1	+ 0,5
4088	Hei.	w.	12	136	1017	57,1	9,6	+ 0,6
4089	Joh.	m.	12	96	1010	61,5	18,6	+ 14,5
4090	Gre.	m.	12	92	1006	56,0	7,8	+ 6,4
4092	Jun.	m.	12	104	1013	56,1	7,4	+ 1,2
4093	Boh.	m.	12	108	1008	58,8	12,5	+ 9,7
4094	Mag.	m.	12	100	1006	60,0	14,9	+ 13,5
4095	Ton.	m.	12	104	1008	60,3	15,4	+ 12,6
4096	Ost.	w.	13	84	1014	60,8	16,3	+ 9,4
4097	Rat.	w.	12	132	1018	58,8	12,4	+ 2,7
4098	Tim.	m.	12	100	1022	63,3	21,1	+ 8,7
4099	Nei.	m.	12	108	1014	58,8	12,4	+ 5,5
4100	Jae.	w.	12	84	1008	54,0	4,8	+ 2,0
4101	Bos.	m.	12	80	1012	53,5	3,9	— 1,6
4102	Gol.	m.	12	124	1014	57,5	11,6	+ 4,7
4339	Ric.	m.	12	80	1010	54,5	6,1	+ 2,0
4340	Dro.	w.	5	120	1013	59,0	14,9	+ 8,7
4342	Hen.	w.	13	96	1007	58,1	11,5	+ 9,4
4343	Hin.	m.	12	120	1015	57,8	10,9	+ 3,3
4346	Gie.	m.	12	104	1018	57,5	10,5	+ 0,8
4347	Elv.	m.	12	72	1015	55,5	5,7	— 1,9
4348	Schu.	m.	12	108	1007	54,0	3,8	+ 1,7
4349	Kli.	m.	12	84	1017	56,3	8,1	— 0,9
4350	Fri.	m.	12	84	1020	59,9	15,1	+ 4,1
4351	Old.	m.	12	104	1021	59,3	14,0	+ 2,3
4352	Klo.	w.	11	126	1017	57,0	9,6	+ 0,6
4353	Beh.	m.	12	84	1024	56,0	7,7	— 6,1
4354	Kai.	m.	12	84	1018	59,0	13,4	+ 3,7
4355	Bec.	m.	7	120	1004	53,5	2,8	+ 2,8
4356	And.	m.	12	100	1009	53,8	3,4	— 0,1
4357	Guh.	m.	12	100	1013	55,0	5,7	— 0,5
4358	Wil.	m.	12	156	1018	54,9	5,5	— 4,2
4359	Wol.	m.	12	96	1017	56,9	9,4	+ 0,4
4360	Neu.	m.	12	100	1012	57,8	11,1	+ 5,6
4361	Kob.	m.	12	100	1021	59,5	14,4	+ 2,7
4362	Wil.	m.	12	80	1021	57,9	11,3	— 0,4
4363	Mül.	w.	12	104	1016	55,0	5,7	— 2,6
4364	Schi.	m.	12	80	1009	57,0	10,6	+ 7,1
4365	Köt.	m.	13	108	1008	54,2	5,2	+ 2,4
4366	Mat.	m.	12	92	1004	53,8	4,3	+ 4,3
4367	Nub.	w.	12	96	1002	53,5	4,0	+ 5,4
4368	Hel.	w.	13	116	1010	54,0	4,6	+ 0,5
4369	Fun.	w.	12	96	1006	54,0	4,6	+ 3,2
4370	Kra.	w.	12	104	1019	57,0	10,7	+ 0,3
4371	Kr.R.	w.	13	116	1016	55,0	6,8	— 1,5
4372	Bre.	w.	12	124	1015	54,0	4,8	— 2,8
4373	Blu.	m.	13	84	1016	55,5	7,6	— 0,7
4374	Col.	m.	12	92	1021	59,0	14,7	+ 3,0

Professor Dr. med. *Paschen* hatte die Liebenswürdigkeit, uns die Kinder, die sich in der Impfanstalt impfen lassen, freundlicherweise zur Verfügung zu stellen, wofür wir ihm auch an dieser Stelle ergebenst danken. Die Tab. 6 zeigt die Werte für 74 Kinder, meist im Alter von 12—13 Jahren.

Tabelle 6 (Fortsetzung).

Journ.-Nr.	Name	Geschl.	Alter	Pulszahl	Spez. Gewicht	Tropf.-Zahl	Graham	$Gh_{corr.}$
4375	Sta.	m.	12	108	1006	53,0	2,6	+ 1,2
4376	Mut.	m.	12	92	1006	54,0	4,8	+ 3,4
4377	Wit.	w.	12	92	1014	56,5	9,4	+ 2,5
4378	Kah.	w.	12	140	1022	55,0	6,8	— 5,6
4379	Mög.	w.	12	88	1018	56,5	9,8	+ 0,1
4380	Wie.	w.	12	84	1024	58,5	12,9	— 0,9
4381	Kru.	m.	12	120	1024	59,3	14,3	+ 0,5
4382	Str.	m.	12	96	1012	55,0	6,1	+ 0,6
4383	Ben.	m.	12	112	1018	56,5	9,1	— 0,6
4384	Schl.	w.	12	80	1006	54,0	4,1	+ 2,7
4385	Rol.	m.	12	80	1009	58,0	11,9	+ 8,4
4386	Roh.	m.	12	84	1001	52,8	1,8	+ 3,9
4387	Beg.	m.	12	108	1006	53,5	3,2	+ 1,8
4388	Loh.	w.	12	84	1010	55,5	7,1	+ 3,0
4392	Han.	m.	12	100	1022	58,5	12,5	+ 0,1
4393	Wic.	w.	13	120	1019	59,8	14,9	+ 4,5
4394	Mer.	w.	12	112	1015	55,2	6,2	— 1,4
4395	Kli.	m.	12	116	1018	59,9	15,3	+ 5,6
4396	Wei.	m.	12	152	1018	57,4	11,4	+ 1,7
4397	Mau.	m.	12	88	1011	55,6	6,8	+ 2,0
4398	Kel.	w.	12	156	1007	53,6	2,9	+ 0,8
4399	Lüt.	m.	12	92	1014	55,4	6,5	— 0,4
4400	Pet.	m.	12	96	1006	55,9	7,5	+ 6,1
4401	Hac.	m.	12	100	1006	55,4	7,3	+ 5,9
4402	Eck.	m.	12	88	1012	55,0	6,5	+ 1,0
4403	Schü.	w.	12	84	1003	52,2	1,0	+ 1,7

Gesamtdurchschnitt: + 2,59

Die Aufregung geht aus den Pulszahlen (hier für 60 Sekunden) hervor, deren Gesamtdurchschnitt 100 beträgt. Es sei betont, daß es sich um ein ausgewähltes Material insofern handelt, als nur besonders ängstlich erscheinende Kinder von den Impfärzten der die Harne sammelnden Laborantin zugeführt wurden. Aus der letzten Spalte der Tab. 6, die die nach der auf S. 25 genannten Formel umgerechneten Oberflächenaktivitätszahlen in $Gh_{corr.}$ enthält, geht hervor, daß bei 57 Kindern ein positiver Wert und bei 17 Kindern ein negativer Wert zu beobachten ist. Die 57 Harne mit positivem Gh-Wert haben im Durchschnitt + 3,93 Gh, die 17 mit negativem Gh-Wert im Durchschnitt — 1,90, der Gesamtdurchschnitt aller 74 Harne ist + 2,59. Setzt man diesen Wert in Beziehung zu den bei den körperlich schwer arbeitenden Werftarbeitern erhaltenen, so sieht man, daß dort nur ein Gesamtdurchschnitt von $0{,}4\,Gh$ Oberflächenaktivitätserhöhung gemessen werden konnte.

Noch interessantere Werte lieferten Untersuchungen an Patienten, die die Zahnklinik des Eppendorfer Krankenhauses besuchten. Die Herren Drs. *Pflüger* stellten uns freundlicherweise das Material zur Verfügung; auch ihnen sei an dieser Stelle ergebenst gedankt. Es handelte

Tabelle 7. *Ergebnisse der Harnmessungen an Patienten der Zahnklinik.*

Journ.-Nr.	Name	Geschl.	Alter	Pulszahl	Spez. Gewicht	Tropf.-Zahl	Graham	$Gh_{corr.}$
4091	Min.	w.	34	—	1004	55,5	6,1	+ 6,1
4103	Dan.	w.	35	112	1004	53,3	3,7	+ 5,1
4104	Möl.	w.	7	76	1003	53,5	3,5	+ 4,2
4105	Sta.	m.	7	76	1013	58,0	11,8	+ 5,6
4106	Schm.	m.	12	116	1016	60,0	15,6	+ 7,3
4107	Schu.	w.	6	108	1010	58,1	11,7	+ 7,6
4108	Mer.	m.	10	128	1015	63,1	21,6	+14,0
4109	Dab.	m.	29	96	1004	52,5	1,1	+ 1,1
4110	Hüt.	m.	8	68	1006	53,0	3,7	+ 2,3
4111	Tie.	m.	8	152	1010	56,7	10,7	+ 6,6
4112	Kör.	m.	9	112	1021	59,1	15,6	+ 3,9
4113	Alp.	w.	22	112	1008	56,7	9,2	+ 6,4
4114	Rol.	w.	8	104	1010	55,9	7,3	+ 3,2
4115	Wat.	m.	10	96	1007	58,3	11,9	+ 9,8
4116	Klo.	w.	8	88	1012	56,7	9,3	+ 3,8
4117	Win.	w.	8	120	1013	55,3	6,6	+ 0,4
4118	Les.	w.	8	116	1016	57,9	12,1	+ 3,8
4119	Dau.	w.	25	128	1019	57,6	11,1	+ 0,7
4120	Zan.	w.	8	136	1016	57,0	8,6	+ 0,3
4121	Joh.	w.	50	136	1005	53,0	3,1	+ 2,4
4122	Oor.	m.	8	132	1022	59,6	15,7	+ 3,3
4123	Käm.	w.	12	140	1018	59,1	15,3	+ 5,6
4124	Hei.	w.	7	120	1020	61,2	19,4	+ 8,4
4125	Schu.	w.	6	120	1021	58,0	13,1	+ 1,4
4126	Wol.	w.	10	128	1009	54,6	6,2	+ 2,7
4127	Dre.	w.	8	136	1011	55,4	7,8	+ 3,0
4332	Krü.	w.	9	112	1015	56,2	8,5	+ 0,9
4333	Scho.	w.	10	108	1016	57,0	11,2	+ 2,9
4334	Ten.	w.	8	116	1015	55,5	8,1	+ 0,5
4335	Koc.	w.	9	88	1006	55,5	8,1	+ 6,7
4336	Möl.	w.	34	136	1004	52,9	2,8	+ 2,8
4337	Dit.	w.	26	144	1010	57,5	11,7	+ 7,6
4338	Kem.	w.	12	96	1004	53,5	4,1	+ 4,1
4341	Jak.	m.	12	84	1026	63,0	23,2	+ 8,0
4344	Maa.	w.	8	88	1006	55,0	6,1	+ 4,7
4345	Güh.	w.	9	112	1012	57,0	9,9	+ 4,4
4389	Mül.	w.	7	96	1016	52,0	0,5	— 7,8
4390	Rac.	m.	9	96	1008	54,0	4,3	+ 1,5
4391	Rot.	w.	24	112	1013	55,5	7,1	+ 0,9
							Gesamtdurchschnitt:	+ 4,05

sich um 30 Patienten, von denen die Mehrzahl Kinder waren. Wie die Pulszahlen zeigen, ist die Aufregung erheblich größer als bei den Kindern, die in der Impfanstalt untersucht wurden. Die durchschnittliche Pulszahl beträgt 110, steht also weit über dem physiologischen Mittel.

Bis auf einen zeigen sämtliche untersuchten Harne einen positiven Wert für $Gh_{corr.}$. Der Gesamtdurchschnitt ist eine Erhöhung der Oberflächenaktivität um $+ 4{,}05\ Gh$. Sowohl die absolute Höhe dieser Oberflächenaktivitätssteigerung, als vor allem die außerordentliche Konstanz der Werte weist darauf hin, daß die Aufregung diese Erhöhung bewirkt hat. Im Vergleich zu den früher beschriebenen Messungen zeigt sich, daß sich der Wert für die Patienten der Zahnklinik stark demjenigen der Fußballspieler nähert, bei denen im Gesamtdurchschnitt die Oberflächenaktivitätssteigerung $4{,}8\ Gh$ betrug. Selbstverständlich wurden die Kinder zur Harnabgabe veranlaßt, ehe sie Lokalanästhetika verabfolgt bekommen hatten, so daß hierdurch kein Fehler bewirkt sein kann.

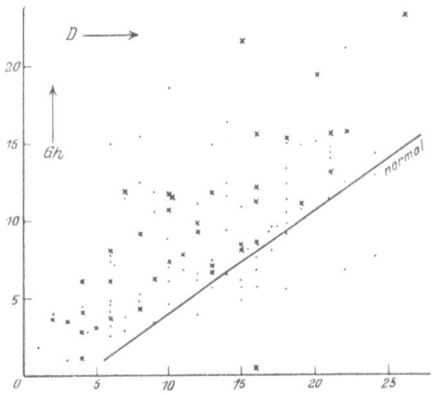

Abb. 8. Das Verhältnis der Oberflächenaktivität zum spezifischen Gewicht beim Harn von Impflingen (·) und Patienten der Zahnklinik (×).

Sehr auffällig sind bei den hier gewonnenen Werten die Zahlen für die spezifischen Gewichte der Harne; diese liegen auffallend niedrig. So ist das durchschnittliche spezifische Gewicht der Harne der Impfkinder 1,013, der Patienten der Zahnklinik sogar unter 1,010. Es ist damit zu rechnen, daß eine vermehrte Sekretion infolge der Erregung zu gesteigerter Wasserabgabe geführt hat.

In der Abb. 8 sind die Werte für die Impfkinder und die Patienten der Zahnklinik graphisch aufgetragen. Die gerade Linie zeigt den Mittelwert aus den Messungen an normalen, nicht aufgeregten Menschen, entsprechend Abb. 3. Der beschriebene Effekt, die Erhöhung der Oberflächenaktivität durch die Aufregung, ist aus der Lage der Punkte deutlich zu erkennen.

§ 9. Vergleich der Oberflächenaktivitätserhöhung bei körperlicher Arbeit und bei Aufregung an einem gleichmäßigen Material.

Die vorangehenden Paragraphen zeigten die Ergebnisse, die die Messungen an verschiedenem Menschenmaterial ergaben. Es wurde die körperliche Arbeit an Werftarbeitern gemessen (§ 6), die Aufregung an Patienten der Impfanstalt (§ 8), wechselnde Aufregung bei gleicher körperlicher Arbeit an Tiller-Girls (§ 7), gleichzeitige körperliche Arbeit und Aufregung an Fußballspielern (§ 5) usw. Eine wirklich endgültige Entscheidung, ob die körperliche Arbeit einerseits oder die Aufregung andererseits die Oberflächenaktivitätssteigerung bewirkt, ließ sich nur gewinnen, wenn an einem gleichmäßigen Menschenmaterial die beiden Einflüsse getrennt studiert werden konnten. Wir sind Herrn Polizeioberst *Danner*, dem Chef der Ordnungspolizei Hamburg, zu großem Dank verpflichtet, daß er uns das Material der Polizeischule Bahrenfeld für diese Untersuchungen wiederholt zur Verfügung stellte. Die Messungen wurden also an jungen Schutzpolizisten durchgeführt; die eingehende Durcharbeitung des Dienstplanes dieser ergab, daß neben rein körperlich anstrengender Tätigkeit (Exerzieren), Übungen stattfanden, bei denen eine geringe Aufregung zu körperlicher Arbeit hinzukommt (Turnen), daneben Unterrichtsstunden, die weder körperliche noch geistige Aufregungen mit sich bringen und endlich mündliche Prüfungen (aufregend, aber körperlich nicht anstrengend). In den meisten Fällen stand uns ein größeres Material zur Verfügung, insgesamt wurden die Messungen an 217 Personen ausgeführt.

In der Tab. 8 sind die Werte für die Harne von 82 Versuchspersonen eingetragen. Mit den gleichen Vorbehalten, wie auf S. 309 erörtert, wurde die Pulszahl als ein Maß der körperlichen Anstrengung angesehen. Nachdem die Versuchspersonen $2^{1}/_{2}$ Stunden exerziert hatten, war die Pulszahl im Durchschnitt um 23% gestiegen; 81% der Mannschaften zeigten eine Erhöhung der Pulszahl. Im Gegensatz hierzu hatte ein anderer Zug von 45 Mann Starke Unterricht von 2 Stunden Dauer; auf unseren Wunsch wurde in diesem Unterricht keine Frage gestellt, und über ein Thema doziert, das nicht Prüfungsfach für die Schutzpolizisten war, so daß jede Aufregung bei dem Unterricht nach Möglichkeit vermieden wurde. Diese Werte sind in Tab. 9 niedergelegt.

Man sieht aus diesen Zahlen, daß die Pulszahl im Durchschnitt abgesunken ist, und zwar ist sie um 14% im Durchschnitt vermindert. 78% der Versuchspersonen haben einen verminderten Puls. Man sieht hieraus, daß keine körperliche Anstrengung mit diesem Unterricht verbunden war.

Betrachtet man nun die Oberflächenaktivität der Harne vor und nach der Tätigkeit (Exerzieren bzs. Unterricht), so sieht man, daß in beiden Fällen eine wesentliche Erniedrigung der Oberflächenaktivität eingetreten ist, und zwar bei den exerzierenden Mannschaften im Durchschnitt um $- 3,13\ Gh_{\text{corr.}}$, bei dem Unterrichtszug im Durchschnitt um $- 3,75\ Gh_{\text{corr.}}$. Obgleich wir nach den bisherigen Erfahrungen keine Erhöhung erwarteten, war die deutliche und gleichmäßige Erniedrigung (84% der Mannschaften zeigten diese) verwunderlich. Auf näheres Befragen wurde uns von dem Kommandeur der Polizeischule Bahrenfeld,

Tabelle 8. *Ergebnisse der Harnmessungen an Schutzpolizisten.*
I. Vor und nach dem Exerzieren.

Journ.-Nr.	Name	Pulszahl vor	Pulszahl nach	Spez. Gewicht vor	Spez. Gewicht nach	Tropf.-Zahl vor	Tropf.-Zahl nach	Graham vor	Graham nach	$Gh_{corr.}$ vor	$Gh_{corr.}$ nach	Proz. Puls-erhöhung	Spez. Gewicht Differenz	$Gh_{corr.}$ Differenz
3843	Ber.	66	114	1026	1026	60,5	59,0	14,3	11,3	−0,9	−3,0	+73	±0	−2,1
3844	Bos.	84	102	1016	1031	60,0	58,0	13,3	9,4	+4,0	−7,5	+21	+15	−13,5
3845	Bas.	84	102	1023	1022	62,0	57,0	17,1	7,6	+2,9	−4,0	+21	−1	−6,9
3846	Del.	96	84	1037	1027	67,5	62,0	27,6	17,1	+2,2	+0,7	−12	−10	−1,5
3847	Dun.	66	84	1034	1030	68,0	65,5	28,5	27,3	+4,6	+3,8	+27	−4	−0,8
3848	Fei.	72	96	1029	1025	67,5	64,5	27,6	21,8	+6,7	+5,2	+33	−4	−1,0
3849	Grö.	84	84	1026	1025	67,5	64,0	27,6	21,8	+8,2	+4,6	±0	−1	−3,6
3850	Hae.	78	132	1028	1030	65,5	64,5	23,7	18,1	+4,9	+2,6	+69	+2	−2,3
3851	Har.	72	96	1032	1028	67,5	62,5	26,6	14,3	+4,6	+0,9	+33	−4	−3,7
3852	Im.	78	102	1031	1030	65,0	60,5	22,7	5,6	+2,6	−3,1	+31	−1	−5,7
3853	Ket.	66	84	1020	1026	59,0	56,0	11,3	19,0	+0,4	−7,9	+27	+6	−8,3
3854	Kor.	90	102	1032	1027	66,5	63,0	25,6	18,1	+3,8	+2,3	+13	+5	−1,5
3855	Re.	90	90	1022	1029	64,5	62,5	21,8	20,8	+6,9	+0,5	±0	+7	−6,4
3856	Mül.	72	108	1024	1024	64,0	64,0	20,8	11,3	+5,1	+5,1	+50	±0	±0,0
3857	Sün.	72	102	1030	1023	61,5	59,0	16,2	13,3	−1,4	−1,3	+41	−7	+0,1
3858	Schö.	78	108	1033	1022	60,0	60,0	13,3	19,9	−5,5	−0,7	+39	−11	+6,2
3859	Tüg.	78	114	1025	1029	62,0	63,5	17,1	8,5	+1,8	+1,7	+46	+4	+0,1
3860	Vis.	60	96	1024	1021	63,0	57,5	19,0	5,6	+3,7	−2,6	+60	−3	−6,3
3861	Schm.	78	108	1024	1023	61,5	56,0	16,2	14,3	+1,7	−6,2	+39	−1	−7,9
3863	Hob.	66	96	1023	1028	62,0	60,5	17,1	20,8	+2,9	−2,0	+45	+5	−4,9
3862	Jak.	66	90	1029	1029	68,5	64,0	29,5	11,3	+7,8	+2,5	+36	±0	−5,3
3864	Jül.	90	102	1032	1033	65,0	59,0	22,7	20,8	+2,1	+7,0	+13	+1	−9,1
3865	Bär.	78	90	1028	1025	65,5	58,0	23,7	9,4	+4,9	−3,9	+15	+3	−8,8
3866	Eng.	72	120	1026	1022	67,0	57,5	26,6	8,5	+7,9	−3,1	+67	+4	−11,0
3867	Hof.	78	96	1026	1023	62,0	59,0	17,1	11,3	+1,2	−1,3	+23	+7	−2,5

des Harnes bei physischer und psychischer Alteration.

Nr.	Name													
3868	Leh.	78	96	1043	1032	67,5	65,5	27,6	23,7	−0,8	+2,7	+23	−11	+3,5
3869	Lüt.	78	96	1025	1024	61,5	60,5	16,2	14,3	+1,2	+0,2	+23	−1	−1,0
3870	Ost.	78	102	1026	1027	63,5	62,0	19,9	17,1	+3,2	+0,7	+31	−1	−2,5
3871	v. R.	72	96	1026	1025	62,5	57,0	18,1	7,6	+2,0	+5,7	+33	+14	+7,7
3872	Raa.	78	84	1032	1018	64,5	62,5	21,8	18,1	+1,5	+6,5	+8	−7	−5,0
3873	Röh.	78	90	1032	1025	65,0	61,0	22,7	15,2	+2,1	+0,5	+15	−13	−1,6
3874	Schw.	72	96	1032	1019	64,5	57,5	11,8	8,5	+1,5	+1,5	+25	0	−3,0
3875	Sau.	69	96	1030	1030	66,0	61,0	24,6	15,2	+4,6	+2,3	+23	+4	+6,9
3876	Stü.	96	90	1019	1015	61,0	56,0	15,2	5,6	+3,8	+1,8	+6	+3	+5,6
3877	See.	60	96	1024	1021	59,0	59,5	11,3	12,3	−1,9	+0,4	+60	−21	−2,3
3878	Wes.	84	90	1040	1019	61,0	57,0	15,2	7,6	−6,9	+2,4	+7	+5	+4,5
3879	We. I	102	138	1030	1025	58,5	56,0	10,4	5,6	−6,1	+7,3	+34	+5	+1,2
3880	We. II	78	78	1026	1031	62,0	60,0	17,1	13,3	+1,2	+4,4	0	0	−5,6
3881	Wei.	96	126	1025	1025	62,5	67,5	18,1	27,6	+2,6	+8,8	+31	−1	−6,2
3882	Nöw.	96	96	1026	1027	66,0	64,5	24,6	21,8	+6,8	+4,3	0	−4	−2,5
3883	Wag.	54	66	1034	1030	65,0	59,0	22,7	11,3	+1,0	+5,2	+22	−10	−6,2
3884	Schu.	90	96	1030	1020	64,5	62,0	21,8	17,1	+2,6	+4,6	+7	+1	−2,0
3885	Egg.	66	84	1018	1019	59,0	56,0	11,3	5,6	+1,5	+4,0	+27	−1	−5,5
3886	Ben.	78	90	1031	1032	65,5	65,0	23,7	22,7	+3,2	+2,1	+15	+3	−1,0
3887	Bue.	84	120	1023	1026	59,5	59,0	12,3	11,3	+0,7	+3,0	+43	+11	+2,3
3888	Vok.	78	108	1014	1025	62,0	62,5	17,1	18,1	+7,9	+2,6	+39	+8	+5,3
3889	Gos.	72	54	1033	1025	66,5	58,0	25,6	9,4	+3,5	+3,9	+25	+3	+7,4
3890	Gut.	48	72	1025	1028	60,0	59,0	13,3	11,3	+1,0	+4,1	+50	+8	+3,1
3891	Hei.	90	108	1031	1023	66,5	59,0	25,6	11,3	+4,3	+1,3	+20	+6	+5,6
3892	Hin.	66	72	1026	1020	64,0	59,0	20,8	11,3	+4,6	+0,4	+9	0	−4,2
3893	Hol.	96	90	1025	1025	63,0	60,0	19,0	13,3	+3,2	+1,0	+6	−1	+4,2
3894	Hee.	78	120	1023	1024	61,0	59,0	15,2	11,3	+1,6	+1,9	+54	+3	−3,5
3895	Han.	84	90	1021	1024	61,0	64,0	15,2	20,8	+2,7	+5,1	+7	+14	+2,4
3896	Hör.	90	108	1023	1037	62,0	66,0	17,1	24,6	+2,9	+0,6	+20	0	+2,3
3897	Jes.	72	84	1026	1026	64,5	58,5	21,8	10,4	+4,8	+3,9	+17	−10	+8,7
3898	Kön.	72	96	1032	1022	67,5	65,0	27,6	22,7	+5,1	+7,5	+33	0	−2,4
3899	Lied.	78	102	1034	1025	69,0	69,0	30,5	30,5	+5,9	+10,5	+31	+9	−4,6

Tabelle 8. (Fortsetzung).

Journ.-Nr.	Name	Pulszahl vor	Pulszahl nach	Spez. Gewicht vor	Spez. Gewicht nach	Tropf.-Zahl vor	Tropf.-Zahl nach	Graham vor	Graham nach	$Gh_{corr.}$ vor	$Gh_{corr.}$ nach	Proz. Puls-erhöhung	Spez. Gewicht Differenz	$Gh_{corr.}$ Differenz
3900	Rem.	78	84	1030	1032	64,0	63,0	20,8	19,0	+ 2,0	− 0,5	+ 8	+ 2	− 2,5
3901	Lor.	96	102	1027	1030	63,0	61,5	19,0	16,2	+ 2,3	− 0,9	+ 6	+ 3	− 3,2
3902	Lut.	72	78	1027	1027	61,5	63,0	16,2	19,0	+ 0,3	+ 2,3	+ 8	± 0	+ 2,0
3903	Man.	78	96	1025	1027	61,0	59,5	15,2	11,3	+ 0,5	+ 2,9	+ 23	+ 2	− 3,4
3904	Pot.	84	84	1032	1026	63,5	59,0	19,9	11,3	+ 0,6	+ 3,0	± 0	− 6	− 3,6
3905	Paa.	90	102	1022	1020	59,0	59,5	11,3	12,3	− 0,7	+ 1,0	+ 13	− 2	− 1,7
3906	Rie.	84	102	1031	1021	63,0	61,5	19,0	16,2	± 0,0	+ 3,4	+ 21	− 10	− 3,4
3907	Krö.	72	102	1027	1021	58,0	58,0	9,4	9,4	− 5,0	− 1,8	+ 41	− 6	− 3,2
3908	Köl.	60	96	1032	1026	63,0	60,0	19,0	13,3	− 0,5	− 1,6	+ 60	− 6	− 1,1
3909	Rös.	66	96	1024	1026	52,5	61,5	18,1	16,2	+ 3,1	− 0,8	+ 45	+ 2	− 2,3
3910	Ram.	84	78	1026	1018	63,0	54,5	19,0	2,8	+ 2,8	+ 6,1	− 7	− 8	− 8,9
3911	Schn.	66	96	1029	1027	62,5	58,0	18,1	9,4	+ 0,5	+ 5,0	+ 45	− 2	− 5,5
3912	Som.	60	90	1023	1026	61,0	60,5	15,2	14,3	+ 1,6	− 0,9	+ 50	+ 3	− 2,7
3913	Sta.	66	84	1031	1021	61,0	56,5	15,2	6,6	+ 2,9	− 4,3	+ 27	− 10	− 1,4
3914	Stra.	72	66	1034	1029	66,0	59,5	24,6	12,3	+ 2,4	− 4,1	− 8	− 5	− 6,5
3915	Stro.	78	84	1024	1031	63,0	60,5	19,0	14,3	+ 3,7	− 3,7	+ 8	+ 7	− 7,4
3916	Tre.	72	84	1026	1022	65,0	58,5	22,7	10,4	+ 5,2	− 1,6	+ 17	− 4	− 6,8
3917	Tie.	72	90	1028	1022	62,5	62,0	18,1	17,1	+ 0,9	− 3,5	+ 25	− 6	− 2,6
3918	Uri.	72	96	1027	1020	64,0	59,5	20,8	12,3	+ 3,5	+ 0,4	+ 33	− 7	− 3,1
3919	Wan.	72	84	1026	1021	65,0	59,0	22,7	11,3	+ 5,2	− 0,2	+ 17	− 5	− 5,4
3920	Zim.	84	78	1022	1033	61,0	57,0	15,2	7,6	+ 2,2	− 10,2	− 7	+ 10	− 12,4
3921	Küv.	72	72	1032	1024	64,0	56,5	20,8	6,6	+ 0,9	− 6,0	± 0	− 8	− 6,9
3922	His.	102	102	1039	1032	68,5	61,5	29,5	16,2	+ 2,4	− 2,5	± 0	− 7	− 4,9
3923	Kla.	78	84	1029	1029	69,0	63,5	30,4	19,9	+ 8,3	+ 1,1	− 8	± 0	− 7,2
3924	Koo.	96	84	1027	1025	65,0	62,0	22,7	17,1	+ 4,7	+ 1,8	− 12	− 2	− 2,9

Durchschnitt: + 23 − 2,0 − 3,13

Herrn Oberstleutnant v. Liliencron, liebenswürdigerweise mitgeteilt, daß beide Züge vor der ersten Harnentnahme zu einem länger dauernden Appell kommandiert waren, der wahrscheinlich mit einer gewissen Beunruhigung der Mannschaften einherging.

Wir legten deshalb darauf Wert, in einer zweiten Messungsserie die Mannschaften in ausgeruhtem und in keiner Weise beunruhigten Zustand zur ersten Messung zu erhalten. Dies ließ sich im September 1928 anläßlich der mündlichen Prüfung eines Teiles der Mannschaften verwirklichen. Es handelt sich bei diesen Messungen um 2 Züge von 47 bzw. 43 Mann Stärke, von denen der erste 2 Stunden Turnen hatte, während die Mannschaften des anderen Zugs in Gruppen zu 4 Mann einer etwa 45 Minuten dauernden mündlichen Prüfung unterzogen wurden.

Die Tab. 10 zeigt die Werte, die an Harnen derjenigen Schutzpolizisten bestimmt wurden, die Turnen hatten. Wiederum ist die Pulszahl in gewisser Weise ein Maß für die Anstrengung; im Durchschnitt wurden 29% Steigerung der Pulszahl beobachtet. 76% der Mannschaften hatten eine Erhöhung. Im Gegensatz hierzu waren die Pulszahlen bei den Mannschaften, die die mündliche Prüfung durchzumachen hatten, nur um ein Geringes erhöht, nämlich im Durchschnitt um 2,3%; wie die Zusammenstellung (s. u.) ausweist, verteilt sich die Erhöhung, Erniedrigung und das Gleichbleiben der Pulszahl ungefähr gleichmäßig auf die Mannschaften.

Betrachtet man die Oberflächenaktivität der Harne von den Mannschaften des turnenden Zuges und den Prüflingen, so sieht man, daß durch das Turnen die Oberflächenaktivität nur um einen geringen Betrag gesteigert wird; im Durchschnitt wurde eine Oberflächenaktivitätssteigerung von 0,81 $Gh_{corr.}$ berechnet. Von den 47 Mann hatten 27 (= 57%) eine Erhöhung, der Rest eine Erniedrigung der Oberflächenaktivität aufzuweisen. Dagegen wurden bei den Prüflingen folgende Beobachtungen gemacht: 79% der Mannschaften (34 von 43) hatten eine Erhöhung der Oberflächenaktivität. Im Durchschnitt betrug diese 4,83%, also einen recht erheblichen Wert, der mit dem bei Sportleuten beobachteten weitgehend übereinstimmt.

Aus den in der Tabelle S. 330 zusammengestellten Werten ersieht man eindeutig, daß lediglich die geistige Erregung zu einer Erhöhung der Oberflächenaktivität des Harnes führt und nicht die körperliche Anstrengung hierfür maßgebend sein kann. Wenn in der ersten Messungsserie die Mannschaften des Exerzier- und des Unterrichtszugs +23% und —14% Pulsveränderung zeigen und die Oberflächenaktivität trotzdem in beiden Fällen etwa die gleiche ist, und wenn in der zweiten Messungsserie die Harne des turnenden Zuges 0,8% Oberflächenaktivitätssteigerung zeigen bei einer Pulserhöhung von durchschnittlich 29%, da-

Tabelle 9. *Ergebnisse der Harn-*
II. Vor und nach

Journ.-Nr.	Name	Pulszahl		Spez. Gewicht		Tropf.-Zahl	
		vor	nach	vor	nach	vor	nach
3925	Ste.	96	84	1032	1031	66,0	60,0
3926	Sche.	84	60	1023	1024	57,5	58,5
3927	Vos.	72	48	1038	1030	69,5	62,0
3928	Zim.	78	78	1033	1032	65,5	62,0
3929	Wis.	60	54	1025	1029	67,0	63,5
3930	Bre.	60	66	1025	1022	61,0	59,0
3931	Bac.	66	108	1023	1027	62,5	58,5
3932	Göt.	84	66	1029	1030	64,0	60,5
3933	Bec.	84	66	1023	1032	64,0	62,5
3934	Jäg.	96	84	1029	1032	65,5	62,0
3935	Schr.	78	66	1034	1029	62.5	63,0
3936	Kör.	84	78	1031	1029	63,0	59,0
3937	Gei.	72	60	1027	1929	62,5	62,0
3938	Str.	78	66	1035	1023	65,0	57,5
3939	Luf.	114	84	1020	1028	60,0	60,0
3940	Ste.	108	102	1035	1031	71,0	66,0
3941	Web.	78	54	1024	1014	61,0	54,0
3942	Met.	84	84	1023	1024	63,0	61,0
3943	Zin.	66	66	1034	1031	64,5	63,0
3944	Kro.	78	66	1015	1018	67,5	55,5
3945	Han.	90	72	1025	1028	63,5	60,5
3946	Grü.	90	66	1033	1032	63,0	58,0
3947	Mey.	84	78	1024	1016	59,0	55,0
3948	Fra.	90	78	1030	1023	67,5	63,0
3949	Adr.	108	90	1030	1026	68,0	61,0
3950	Mül.	84	60	1021	1017	62,0	55,5
3951	Run.	84	90	1021	1021	57,5	57,0
3952	Rei.	90	72	1030	1026	63,0	59,0
3953	Kar.	78	72	1027	1022	63,5	58,0
3954	Hil.	84	60	1026	1023	59,0	57,0
3955	Kni.	84	66	1034	1031	67,0	62,0
3956	Schu.	78	54	1033	1033	61,5	60,0
3957	Ehl.	78	78	1035	1032	66,0	64,0
3958	Schr.	84	60	1026	1033	62,0	60,5
3959	Schrö.	84	54	1025	1023	65,0	61,5
3960	Kno.	78	72	1020	1030	62,0	58,5
3961	Kuk.	84	84	1029	1022	64,0	59,0
3962	Dör.	90	84	1029	1019	63,5	55,5
3963	Müs.	66	66	1040	1034	65,0	63,5
3964	Wu.	84	60	1026	1029	63,5	62,0
3965	Lun.	96	84	1022	1025	57,5	58,0
3966	Mag.	78	72	1024	1032	67,0	69,0
3967	Wei.	66	66	1015	1032	61,0	59,5
3968	Fis.	102	84	1031	1034	66,0	66,0
3969	Sas.	78	60	1032	1033	66,0	63,5

messungen an Schutzpolizisten.
dem Unterricht.

Graham		$Gh_{corr.}$		Proz. Pulserhöhung	Spez. Gewicht	$Gh_{corr.}$
vor	nach	vor	nach		Differenz	Differenz
24,6	13,3	+ 3,5	− 4,4	− 12	− 1	− 7,9
8,5	10,4	− 3,7	− 2,8	− 29	+ 1	+ 0,9
31,4	17,1	+ 3,9	− 0,3	− 33	− 8	− 4,2
23,7	17,1	+ 2,1	− 1,9	± 0	− 1	− 4,0
26,6	19,9	+ 8,3	+ 1,7	− 11	+ 4	− 6,6
15,2	11,3	+ 0,5	− 0,7	+ 10	− 3	− 1,2
18,1	10,4	+ 3,7	− 4,4	+ 6	+ 4	− 8,1
20,8	14,3	+ 2,5	− 3,1	− 21	+ 1	− 5,6
21,8	18,1	+ 5,1	− 1,1	− 21	+ 8	− 6,2
23,7	17,1	+ 4,3	− 1,9	− 12	+ 3	− 6,2
18,1	19,0	− 2,3	+ 1,1	− 15	− 5	+ 3,4
19,0	11,3	± 0,0	− 4,7	− 7	− 2	− 4,7
18,1	17,1	+ 1,5	− 0,3	− 17	+ 2	− 1,8
22,7	8,5	+ 0,4	− 3,7	− 15	− 12	− 4,1
13,3	13,3	+ 1,8	− 2,7	− 26	+ 8	− 4,5
33,8	24,6	+ 7,4	+ 4,0	− 6	− 4	− 3,4
15,2	1,9	+ 1,0	− 4,9	− 31	− 10	− 5,9
19,0	15,2	+ 4,3	+ 1,0	± 0	+ 1	− 3,3
21,8	19,0	+ 0,4	± 0,0	± 0	− 3	− 0,4
27,6	4,7	+ 0,7	− 4,3	− 15	+ 3	− 5,0
27,6	14,3	+ 3,8	− 2,0	− 20	+ 3	− 5,8
19,0	9,4	− 1,1	− 8,1	− 27	− 1	− 7,0
11,3	3,7	− 7,5	− 4,0	− 7	− 8	+ 3,5
27,6	19,0	+ 6,2	+ 4,3	− 13	− 7	− 2,9
28,5	15,2	+ 6,8	− 0,1	− 17	− 4	− 6,9
17,1	4,7	+ 4,9	− 3,8	− 29	− 4	− 7,8
8,5	7,6	− 2,6	− 3,5	+ 7	± 0	− 0,9
19,0	11,3	+ 0,6	− 3,0	− 20	− 4	− 3,6
19,9	9,4	+ 2,9	− 2,2	− 8	− 5	− 5,1
11,3	7,6	− 3,0	− 4,6	− 29	− 3	− 1,0
26,6	17,1	+ 3,5	− 1,4	− 21	− 3	− 4,9
16,2	13,3	− 3,1	− 5,5	− 31	± 0	− 2,4
24,6	20,8	+ 1,8	+ 0,9	± 0	− 3	− 0,9
17,1	14,3	+ 1,2	− 4,8	− 29	+ 7	− 6,0
22,7	16,2	+ 5,8	+ 2,3	− 36	− 2	− 3,5
17,1	10,4	+ 4,6	− 6,1	− 8	+ 10	− 10,7
20,8	11,3	+ 2,5	− 0,7	± 0	− 7	− 3,2
19,9	4,7	+ 1,7	− 4,9	− 7	− 10	− 6,6
22,7	19,9	− 2,3	− 1,1	± 0	− 6	− 3,4
19,9	17,1	+ 3,2	− 0,3	− 29	+ 3	− 3,5
8,5	9,4	− 3,1	− 3,9	− 12	+ 3	− 0,8
26,6	30,5	− 5,2	+ 6,9	− 8	+ 8	+ 11,7
15,2	12,3	+ 6,0	+ 5,5	± 0	+ 17	− 0,5
24,6	24,6	+ 4,0	+ 2,4	− 18	+ 3	− 1,6
24,6	19,9	+ 3,5	− 0,5	− 23	+ 1	− 4,0
			Durchschnitt:	− 14 %	− 0,6	− 3,75

Tabelle 10. *Ergebnisse der Harnmessungen an Schutzpolizisten.*
III. Vor und nach dem Turnen.

Journ. Nr.	Name	Pulszahl vor	Pulszahl nach	Spez. Gew. vor	Spez. Gew. nach	Graham vor	Graham nach	$Gh_{corr.}$ vor	$Gh_{corr.}$ nach	Proz. Puls- erh.	Spez. Gew. Diff.	$Gh_{corr.}$ Diff.
4036	Köh.	72	102	1030	1023	25,3	22,2	+ 3,0	+ 6,7	+ 41	— 7	+ 3,7
4037	Zah.	78	108	1028	1026	22,9	25,1	+ 2,6	+ 6,7	+ 39	— 2	+ 4,1
4038	Mar.	78	114	1016	1017	8,6	7,9	— 0,1	— 1,8	+ 46	+ 1	— 1,7
4039	Ric.	66	114	1024	1005	18,0	2,7	+ 1,5	+ 2,7	+ 73	— 19	+ 1,2
4040	Deg.	60	72	1028	1016	12,3	12,2	— 8,0	— 3,5	+ 20	— 12	+ 4,5
4041	Cla.	66	72	1015	1024	17,6	27,8	+ 9,9	+ 11,3	+ 9	+ 9	+ 1,4
4043	Bor.	84	96	1026	1023	24,2	19,3	+ 5,8	+ 3,8	+ 14	— 3	— 2,0
4044	Dos.	84	72	1036	1027	25,5	13,3	— 2,6	— 6,1	— 14	— 9	— 3,5
4045	Bec.	72	120	1031	1026	25,8	21,2	+ 2,6	+ 2,8	+ 67	— 5	+ 0,2
4046	Wie.	66	96	1022	1019	14,6	23,2	+ 0,1	+ 11,6	+ 45	— 3	+ 11,5
4047	Car.	84	84	1032	1023	21,7	13,2	— 2,5	— 2,3	± 0	— 9	— 0,2
4048	Sib.	66	120	1034	1027	26,3	21,0	+ 0,1	— 1,6	+ 82	— 7	— 1,7
4049	v. B.	78	96	1024	1019	14,6	13,1	— 1,9	+ 1,5	+ 23	— 8	+ 3,4
4050	Kle.	96	120	1028	1027	22,1	22,1	+ 1,8	+ 2,7	+ 25	— 1	+ 0,9
4051	Zak.	78	66	1026	1023	20,6	17,8	+ 2,2	+ 2,3	— 15	— 3	+ 0,1
4052	Buc.	90	132	1035	1027	22,6	14,4	— 4,6	— 5,0	+ 47	— 8	— 0,4
4053	Meu.	78	96	1027	1022	21,1	14,3	+ 1,7	— 0,2	+ 23	— 5	— 1,9
4054	Döh.	96	126	1034	1021	24,4	12,5	— 1,8	— 1,0	+ 31	— 13	— 0,8
4056	Koc.	102	96	1010	1021	5,0	22,1	+ 2,1	+ 8,6	— 6	+ 11	+ 6,5
4057	Nul.	60	96	1019	1021	8,3	9,3	— 3,3	— 4,2	+ 60	+ 2	— 0,9
4058	Jür.	66	84	1030	1027	25,4	20,1	+ 3,1	+ 0,7	+ 27	— 3	— 2,4
4059	Sta.	84	96	1037	1026	22,6	16,0	— 6,5	— 2,4	+ 14	— 11	+ 4,1
4060	Schu.	90	108	1031	1028	19,8	17,2	— 3,4	— 3,1	+ 20	— 3	+ 0,3
4061	Dae.	78	126	1031	1026	25,4	16,6	+ 2,2	— 1,8	+ 61	— 5	— 4,0
4062	Schr.	78	72	1026	1017	19,0	14,7	+ 0,6	+ 5,0	— 8	— 9	+ 4,4
4063	Zim.	72	84	1035	1027	27,7	24,2	+ 0,5	+ 4,8	+ 17	— 8	+ 4,3
4065	Rön.	72	120	1021	1031	19,2	16,1	+ 5,7	— 7,1	+ 67	+ 10	— 12,8
4066	Wie.	78	78	1019	1009	12,3	4,1	+ 0,7	+ 2,1	± 0	— 10	+ 1,4
4067	Neu.	96	90	1028	1025	29,5	26,0	+ 9,2	+ 8,6	— 6	— 3	— 0,6
4068	Ved.	78	132	1034	1023	25,7	17,0	— 0,5	+ 1,5	+ 69	— 11	+ 2,0
4069	Lam.	72	126	1027	1027	18,8	14,7	— 0,6	— 4,7	+ 75	± 0	— 4,1
4070	Schü.	72	114	1025	1024	19,7	15,2	+ 2,3	— 1,3	+ 58	— 1	— 3,6
4072	Sie.	84	120	1019	1009	13,9	4,4	+ 2,3	+ 2,5	+ 41	— 10	+ 0,2
4073	Schm.	78	66	1026	1023	24,5	19,0	— 6,1	+ 3,5	— 15	— 3	+ 9,6
4074	Plu.	54	54	1038	1033	31,5	32,6	+ 1,4	+ 7,4	± 0	— 5	+ 6,0
4075	Wun.	90	132	1029	1027	26,7	21,2	+ 5,4	+ 1,8	+ 47	— 2	— 3,6
4076	Lec.	72	102	1032	1030	24,8	29,6	+ 0,6	+ 7,3	+ 41	— 2	+ 6,7
4077	Her.	90	126	1026	1019	17,9	11,4	— 0,5	— 0,2	+ 40	— 7	+ 0,3
4078	Kör.	90	126	1019	1021	7,2	16,0	— 4,4	+ 2,5	+ 40	+ 2	+ 6,9
4079	Jöh.	72	78	1033	1025	19,6	13,0	— 5,6	— 4,4	+ 8	— 8	+ 1,2
4080	Har.	84	72	1024	1019	15,3	10,3	— 1,2	— 1,3	— 14	— 5	— 0,1
4081	Ehl.	102	108	1028	1025	17,6	13,7	— 2,7	— 3,7	+ 6	— 3	— 1,0
4082	Schü.	72	126	1029	1025	24,6	18,1	+ 3,3	+ 0,7	+ 75	— 4	— 2,6
4083	Mei.	84	84	1033	1024	23,3	12,3	— 1,9	— 4,2	± 0	— 9	— 2,3
4084	Ahl.	84	108	1032	1024	27,3	19,4	+ 3,1	+ 2,9	+ 26	— 8	— 0,2
4085	Schu.	84	126	1026	1029	19,3	22,6	+ 0,9	+ 1,3	+ 50	+ 3	+ 0,4
4086	Mik.	72	84	1024	1024	16,7	19,2	+ 0,2	+ 2,7	+ 17	± 0	+ 2,5
							Durchschnitt:			+ 29,1	— 4,4	+ 0,8

des Harnes bei physischer und psychischer Alteration.

Tabelle 11. *Ergebnisse der Harnmessungen an Schutzpolizisten.*
IV. Vor und nach der mündlichen Prüfung.

Journ. Nr.	Name	Pulszahl vor	nach	Spez. Gew. vor	nach	Graham vor	nach	$Gh_{corr.}$ vor	nach	Proz. Puls-erh.	Spez. Gew. Diff.	$Gh_{corr.}$ Diff.
3989	Fre.	84	108	1024	1019	18,7	15,2	+ 2,2	+ 3,6	+ 28	— 5	+ 1,4
3990	Fr. l.	72	78	1018	1013	12,5	7,8	+ 1,9	+ 2,0	+ 8	— 5	+ 0,1
3992	Gre.	66	66	1023	1013	17,8	18,1	+ 2,3	+ 12,5	± 0	— 10	+ 10,2
3993	Har.	72	90	1032	1027	24,6	23,7	+ 1,4	+ 4,3	+ 25	— 5	+ 2,9
3994	Has.	90	96	1020	1020	18,4	19,3	+ 5,8	+ 6,7	+ 7	± 0	+ 0,9
3995	Her.	78	60	1032	1024	23,6	21,2	— 0,6	+ 4,7	— 23	— 8	+ 5,3
3996	Jür.	84	78	1026	1026	18,5	17,0	+ 0,1	— 1,4	— 7	± 0	— 1,5
3997	Kna.	78	84	1026	1023	22,5	17,6	+ 4,1	+ 2,1	+ 8	— 3	— 2,0
3998	Rim.	102	108	1030	1025	19,8	20,9	— 2,5	+ 3,5	+ 6	— 5	+ 6,0
3999	Buh.	66	90	1025	1024	19,8	18,7	+ 2,4	+ 2,2	+ 36	— 1	— 0,2
4001	Schi.	78	78	1023	1029	15,6	23,4	+ 0,1	+ 2,1	± 0	+ 6	+ 2,0
4002	Spr.	78	66	1036	1024	21,4	17,7	— 6,7	+ 1,2	— 15	— 8	+ 7,9
4004	Wol.	96	96	1038	1018	23,2	14,7	— 6,9	+ 4,1	± 0	— 20	+ 11,0
4005	Bus.	72	84	1029	1030	14,5	20,5	— 7,2	— 2,2	+ 17	+ 1	+ 5,0
4006	Arz.	90	90	1016	1006	8,5	1,9	— 0,2	+ 1,9	± 0	— 10	+ 2,1
4007	Bau.	84	78	1032	1009	17,0	5,8	— 6,2	+ 3,9	— 7	— 23	+ 10,1
4008	Bol.	114	120	1021	1019	14,9	11,4	+ 1,4	— 0,2	+ 5	— 2	— 1,6
4009	Feh.	84	96	1032	1032	33,3	32,6	+ 9,1	+ 8,4	+ 14	± 0	— 0,7
4010	Huf.	84	84	1019	1016	13,7	10,3	+ 2,1	+ 1,6	± 0	— 3	— 0,5
4011	Kri.	66	84	1028	1024	18,6	17,3	— 1,7	+ 0,8	+ 27	— 4	+ 2,5
4012	Sac.	66	66	1028	1018	14,4	9,6	— 5,9	— 1,0	± 0	— 10	+ 4,9
4013	Lüd.	72	96	1023	1024	14,2	22,6	— 1,3	+ 6,1	+ 33	+ 1	+ 4,8
4014	Mei.	60	90	1019	1019	10,6	15,1	— 1,0	+ 3,5	+ 50	± 0	+ 4,5
4015	Pap.	78	72	1028	1022	25,5	23,0	+ 5,2	+ 8,5	— 8	— 6	+ 3,3
4016	Ste.	72	72	1024	1019	12,1	12,9	— 4,4	+ 1,3	± 0	— 5	+ 5,7
4017	Ung.	78	78	1030	1024	22,2	30,6	— 0,1	+ 14,1	± 0	— 6	+ 14,2
4018	Bra.	84	78	1026	1025	19,1	18,9	— 0,7	— 1,5	— 7	— 1	— 0,8
4019	Ber.	84	84	1024	1021	23,8	23,2	+ 7,3	+ 9,7	± 0	— 3	+ 2,4
4020	Bie.	114	96	1035	1029	23,9	29,1	— 4,7	+ 8,8	— 16	— 6	+ 13,5
4021	Bra.	102	90	1025	1016	20,7	31,1	— 3,3	+ 12,4	— 12	— 9	+ 15,7
4022	Fel.	102	102	1019	1024	21,7	26,9	+ 10,1	+ 10,4	± 0	+ 5	+ 0,3
4023	Fri.	108	84	1026	1025	23,2	22,0	+ 4,8	+ 4,6	— 22	— 1	— 0,2
4024	Frit.	78	78	1025	1026	16,1	17,4	— 1,3	— 1,0	± 0	+ 1	+ 0,3
4025	Hau.	96	72	1020	1018	11,8	15,0	— 0,8	+ 4,4	— 25	— 2	+ 5,2
4026	Har.	66	78	1028	1020	12,6	14,2	— 7,7	+ 1,6	+ 18	— 8	+ 9,3
4027	Hei.	72	66	1032	1023	17,7	20,2	— 6,5	+ 4,7	— 8	— 9	+ 11,2
4028	Jac.	72	72	1028	1024	24,9	21,2	+ 4,6	+ 3,7	± 0	— 4	— 0,9
4029	Jäg.	90	84	1032	1024	16,4	15,1	— 7,8	— 1,5	— 7	— 8	+ 6,3
4030	Jon.	78	66	1029	1026	21,6	26,3	+ 0,3	+ 7,9	— 15	— 3	+ 7,6
4031	Kuh.	84	90	1028	1019	23,7	22,5	+ 3,4	+ 10,9	+ 7	— 9	+ 7,5
4032	Mor.	90	72	1017	1021	15,2	19,7	+ 5,3	+ 6,2	— 20	+ 4	+ 0,9
4033	Niq.	78	72	1024	1022	21,8	23,6	+ 5,3	+ 9,1	— 8	— 2	+ 3,8
4034	Rei.	72	78	1025	1019	22,0	20,2	+ 4,6	+ 8,6	+ 8	— 6	+ 4,0
							Durchschnitt:		+ 2,5	— 0,5		+ 4,3

Zusammenstellung der Harnwerte bei Schutzpolizisten.

Tabelle	Leistung	Zahl der Personen mit der Pulszahl			Durchschnittliche Veränderung der Pulszahl	Zahl der Personen mit der Oberflächenaktivität			Durchschnittliche Veränderung der Pulszahl
		Erh.		Ern.		Erh.		Ern.	
8	Exerzieren	66	7	9	+ 23,0	15	1	66	— 3,13
9	Unterricht	3	7	35	— 14,0	4	0	41	— 3,7
10	Turnen	36	4	7	+ 29,1	27	0	20	+ 0,81
11	Mündliche Prüfung	16	12	15	+ 2,3	34	0	9	+ 4,83

gegen nach einer mündlichen Prüfung die Werte im Durchschnitt 4,8 Gh Oberflächenaktivitätserhöhung zeigen, so ist der Einfluß der Erregung auf die Oberflächenaktivität des Harnes sichergestellt.

§ 10. *Die Oberflächenaktivitätserhöhung durch Aufregung als Fehlerquelle bei der klinisch-diagnostischen Stalagmometrie.*

Bevor wir die oben beschriebenen Gesetzmäßigkeiten auffanden, war es uns wiederholt aufgefallen, daß die Harne von Patienten kurz nach der Einlieferung in das Krankenhaus ganz andere Werte zeigten als später, wenn die Patienten einige Tage auf dem Pavillon lagen. Die Harne, die im Aufnahmepavillon sezerniert waren, hatten durchweg eine höhere Oberflächenaktivität als diejenigen, die während des späteren Aufenthalts der Patienten im Krankenhaus eingeliefert wurden. Die Tab. 12 zeigt eine kleine Auswahl aus derartigen Messungsergebnissen.

Von den wiederholten Messungen der Oberflächenaktivität bei den gleichen Patienten sind nur die ersten 2 Wiederholungen wiedergegeben, die meist am 3. und 5. Tag des Aufenthalts im Krankenhause vorgenommen wurden. Es ist selbstverständlich, daß nur solche Fälle betrachtet wurden, bei denen das Krankheitsbild sich nicht durch Verabreichung von Medikamenten oder andere interne Maßnahmen verändert hatte. Mit einer Ausnahme (Nr. 3406) hatten sämtliche Patienten bereits bei der ersten Wiederholungsmessung einen normalen Wert der Oberflächenaktivität des Harnes; dieser eine Patient hatte bei der zweiten Wiederholung ebenfalls einen normalen Wert. Dagegen hatten sämtliche Patienten eine starke Steigerung der Oberflächenaktivität des Harnes aufzuweisen, wenn der Harn auf dem Aufnahmepavillon entnommen war. Im Durchschnitt betrug die Oberflächenaktivität des Harnes:

bei der Aufnahme . . . . + 7,15 $Gh_{corr.}$
bei der 1. Wiederholung . . . + 0,69 $Gh_{corr.}$
bei der 2. Wiederholung . . . + 0,18 $Gh_{corr.}$

Es ist naheliegend, für diesen Befund wiederum die oben angeführten Gesetzmäßigkeiten zu Erklärungen heranzuziehen: Die Aufregung, die

des Harnes bei physischer und psychischer Alteration.

Tabelle 12. *Ergebnis der Harnmessungen an Patienten bei verschiedenem Aufregungszustand derselben.*

Journ.-Nr.	Name	Diagnose	Wann?	Datum	Spez. Gew.	Tropf.-Zahl	Graham	$Gh_{corr.}$
3351	Suc.	Aktinomykose	Aufn.	8. IV.	1010	56,8	9,2	+ 5,0
			1. Wd.	10. IV.	1007	55,3	5,5	+ 3,4
			2. Wd.	13. IV.	1012	55,8	8,1	— 2,6
3356	Lin.	Gasteroptose	Aufn.	8. IV.	1016	61,3	16,8	+ 8,5
			1. Wd.	10. IV.	1013	55,9	6,6	+ 0,4
			2. Wd.	13. IV.	1018	57,3	11,2	+ 1,5
3382	Sto.	Ulcus am Handrücken	Aufn.	9. IV.	1026	64,0	22,6	+ 7,4
			1. Wd.	11. IV.	1008	54,4	4,2	+ 1,4
			2. Wd.	15. IV.	1014	55,8	8,1	+ 1,2
3391	Hei.	Caries der Wirbelsäule	Aufn.	11. IV.	1027	65,4	23,8	+ 7,9
			1. Wd.	13. IV.	1030	61,3	17,2	— 0,8
			2. Wd.	14. IV.	1028	60,2	16,2	— 0,4
3406	Hal.	Gelenk-Tbc. (Go.?) . .	Aufn.	12. III.	1012	60,5	15,8	+ 10,3
			1. Wd.	14. III.	1030	64,6	23,7	+ 5,7
			2. Wd.	17. III.	1032	61,6	18,7	— 0,7
3511	Gab.	Hernie	Aufn.	22. IV.	1020	61,3	19,8	+ 8,7
			1. Wd.	24. IV.	1020	56,2	7,3	— 2,7
			2. Wd.	27. IV.	1022	58,0	12,0	— 0,4
3534	Schu.	Hämorrhoiden	Aufn.	25. IV.	1022	61,2	16,5	+ 4,1
			1. Wd.	27. IV.	1024	60,4	15,1	+ 1,3
			2. Wd.	29. IV.	1025	60,0	15,3	— 0,8
3548	Brü.	Panaritium	Aufn.	26. IV.	1008	56,2	7,7	+ 4,9
			1. Wd.	28. IV.	1025	61,0	16,2	+ 1,7
			2. Wd.	1. V.	1020	59,1	14,4	+ 3,4
3549	Lin.	Bubo inguinalis . . .	Aufn.	28. IV.	1022	64,3	22,1	+ 9,7
			1. Wd.	30. IV.	1022	59,4	14,3	+ 1,9
			2. Wd.	3. V.	1024	58,2	12,1	— 1,7
3557	Bög.	Ulcus cruris	Aufn.	28. IV.	1028	62,4	20,2	+ 3,6
			1. Wd.	30. IV.	1021	58,2	11,2	— 0,5
			2. Wd.	2. V.	1025	58,0	12,5	— 2,0
3574	Bus.	Bursitis	Aufn.	28. IV.	1013	60,2	13,0	+ 6,8
			1. Wd.	30. IV.	1011	55,0	4,4	— 0,4
			2. Wd.	2. V.	1014	57,5	10,9	+ 4,0
3672	Hun.	Phimose	Aufn.	6. V.	1012	58,2	11,4	+ 5,9
			1. Wd.	8. V.	1020	57,0	8,8	— 3,2
			2. Wd.	11. V.	1015	55,2	7,1	— 0,5
3689	Sche.	Neurasthenie	Aufn.	9. V.	1024	62,8	19,8	+ 6,0
			1. Wd.	11. V.	1026	61,6	17,6	+ 2,4
			2. Wd.	13. V.	1029	61,0	17,9	+ 0,6
3716	Blo.	Pleurasarkom	Aufn.	12. V.	1029	65,5	25,5	+ 8,2
			1. Wd.	14. V.	1029	61,1	17,0	+ 0,4
			2. Wd.	17. V.	1028	60,8	16,6	± 0

Tabelle 12 (Fortsetzung).

Journ.-Nr.	Name	Diagnose	Wann?	Datum	Spez. Gew.	Tropf.-Zahl	Graham	$Gh_{corr.}$
3746	Les.	Hammerzehe	Aufn.	14. V.	1028	65,7	25,9	+ 9,3
			1. Wd.	16. V.	1023	61,1	17,0	+ 3,9
			2. Wd.	19. V.	1018	57,6	11,1	+ 1,4
3778	Ahr.	Hernie	Aufn.	27. V.	1006	57,2	8,9	+ 7,5
			1. Wd.	30. VI.	1022	57,8	11,1	− 1,3
			2. Wd.	2. VI.	1020	56,8	9,8	− 1,2
3784	Hir.	Ischias	Aufn.	28. V.	1019	61,2	16,7	+ 6,3
			1. Wd.	30. V.	1015	56,8	9,2	+ 1,6
			2. Wd.	1. VI.	1017	56,6	9,8	− 0,8
3793	Moh.	Claviculafraktur . . .	Aufn.	28. V.	1024	64,2	21,8	+ 8,0
			1. Wd.	30. V.	1010	54,5	2,7	− 1,4
			2. Wd.	2. VI.	1009	54,7	6,3	+ 2,8
3787	Ram.	Knöchelfraktur . . .	Aufn.	27. V.	1017	61,0	16,8	+ 7,8
			1. Wd.	30. V.	1024	59,0	13,2	− 0,6
			2. Wd.	2. VI.	1020	58,0	11,6	+ 0,6

für jeden Patienten mit der Aufnahme in ein Krankenhaus verbunden ist, bewirkt die starke Erhöhung der Oberflächenaktivität.

Die Schlußfolgerung aus diesen Daten ist folgende: Wenn man zu klinisch-diagnostischen Zwecken die Oberflächenaktivität des Harnes heranziehen will, so hat man hauptsächlich auch darauf zu achten, daß sich der Patient in möglichster seelischer Ruhe befindet, da bei Nichtberücksichtigung dieser Forderung eine etwaige Erhöhung der Oberflächenaktivität des Harnes gar nicht von krankhaften Zuständen zu stammen braucht, sondern allein durch die seelische Erregung verursacht sein kann. Wir haben beobachtet, daß bei vielen Patienten bereits das Bewußtsein, daß der Harn zu Untersuchungszwecken gesammelt wird, eine Beunruhigung verursacht. Dies trifft besonders für Neurastheniker und funktionell belastete Personen zu; gerade bei diesen aber wird die Oberflächenaktivitätsmessung als diagnostisches Hilfsmittel am häufigsten herangezogen werden können.

Neben den erregenden Momenten bei der Aufnahme in ein Krankenhaus kommen bei Patienten von Kranken- und Heilanstalten noch viele verschiedene andere Quellen der Aufregung in Frage. Wir haben versucht, auch über die Einwirkung dieser auf die Oberflächenaktivität des Harnes uns ein Bild zu machen. Es seien an dieser Stelle nur 2 Beispiele angeführt. Eine erhebliche Aufregung verursacht in den meisten Fällen die Bekanntgabe der Notwendigkeit einer Operation. Durch das freundliche Entgegenkommen der Herren Professoren Dr. *Sudeck* und *Rödelius* konnten wir an einer Reihe von Patientinnen feststellen, daß tatsächlich die auch durch schonendste und wohlvorbereitete Bekanntgabe der Notwendigkeit eines operativen Eingriffs verursachte Erregung sich in der Oberflächenaktivität des Harnes deutlich bemerkbar macht.

Unter Verzicht auf die Zahlen sind in Abb. 9 die entsprechenden Kurven wiedergegeben. Es wurde bei diesen Patienten mehrere Wochen lang regelmäßig der Tages- und Nachtharn getrennt gesammelt und stalagmometriert. Wie aus den Kurven in Abb. 9 zu ersehen ist, haben die Patienten die meiste Zeit eine Oberflächenaktivität des Harnes, die in den normalen Grenzen von $+3$ bis $-3\,Gh_{\text{corr.}}$ liegt. An dem durch Pfeil angegebenen Tag ist den Patienten die Mitteilung von der Notwendigkeit einer Operation gemacht worden: Man sieht, daß die nächsten 2—3 Werte eine außerordentliche Erhöhung der Oberflächenaktivität aufweisen. In den meisten Fällen handelt es sich um Strumektomien, in einem Fall um eine Prostatektomie.

Einige Beispiele von Oberflächenaktivitätssteigerungen durch Erregung bei regelmäßig beobachteten Patienten verdanken wir der Freundlichkeit von Herrn Professor *Mulzer*, der uns die Patienten der Universitätshautklinik zur Verfügung stellte. Es handelt sich hier um die Bekanntgabe der Diagnose an Patienten mit venerischen Erkrankungen. Die Versuchsanordnung ist die gleiche wie bei den oben erwähnten chirurgischen Patienten. An dem Tag, der in den Kurven der Abb. 10 durch

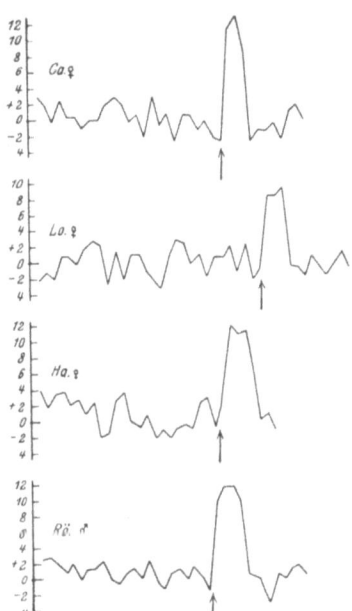

Abb. 9. Die Kurve der korrigierten Oberflächenaktivität des Harnes bei Patienten, die einer plötzlichen Aufregung unterworfen sind. I.

den Pfeil gekennzeichnet ist, erfolgte die möglichst schonende Bekanntgabe, die trotzdem zu der aus den Kurven zu ersehenden Erhöhung der Oberflächenaktivität des Harnes führte. Es ist naheliegend, daß solche Fälle, bei denen der Patient ohne Kenntnis seiner venerischen Erkrankung in Behandlung kommt, sehr selten sind, so daß uns bisher nur die 3 in den Kurven der Abb. 10 wiedergegebenen Fälle zur Verfügung stehen.

Während es sich bei den 3 bisher erörterten Arten der Aufregung durch die Aufnahme in ein Krankenhaus, durch die Bekanntgabe der Notwendigkeit einer Operation und durch die Mitteilung der Diagnose einer venerischen Erkrankung an die Patienten, um schwerere seelische Erschütterungen handelt, kommen während des Verbleibs der Patienten im Krankenhaus auch leichtere erregende Momente zur Beobachtung. Es muß natürlich abgesehen werden von solchen Aufregungen, die durch Zank und Streit der Patienten mit dem Pflegepersonal oder untereinander verursacht werden, weil die Stärke des erregenden Moments und die Zeit zu wenig genau bestimmt werden kann. Eine sehr regelmäßige Quelle leichter Aufregung ist aber die Besuchszeit. Wir untersuchten deshalb an einer Reihe von Neurasthenikern, ob man etwa eine Zacke in der Kurve der Oberflächenaktivität würde finden können, deren regelmäßige Wiederholung den Besuchszeiten des Krankenhauses entspräche. Tatsächlich ist dies der Fall. In Abb. 11 sind die Kurven von 5 Patienten

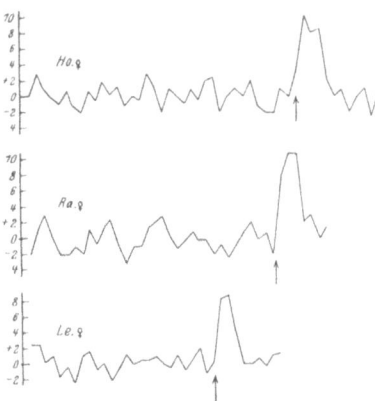

Abb. 10. Die Kurve der korrigierten Oberflächenaktivität des Harnes bei Patienten, die einer plötzlichen Aufregung unterworfen sind. II.

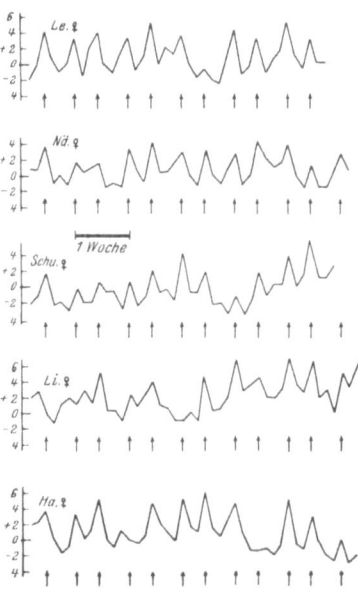

Abb. 11. Die Steigerung der korrigierten Oberflächenaktivität des Harnes nervöser Patientinnen durch die Aufregung des Besuchstages.

wiedergegeben, die sämtlich über mehrere Wochen beobachtet wurden. An jedem Mittwoch Abend und Sonntag Abend wurde ein Harn sezerniert, der eine höhere Oberflächenaktivität zeigte, als diejenigen der anderen Wochentage. Es ist kein Zweifel, daß dieser Befund im Einklang mit den sonstigen Beobachtungen mit der Aufregung des Patienten in Verbindung zu bringen ist. Die Lehre, die aus diesen Beobachtungen zu ziehen ist, ist die Warnung zur Vorsicht bei der diagnostischen Beurteilung der Oberflächenaktivität von Harnen von Patienten, die derartige schwere oder leichtere Erregungen durchgemacht haben.

In der Literatur finden sich über diese Störungen keinerlei Angaben, was wohl damit zusammenhängt, daß die Patienten gewöhnlich nicht laufend auf die Oberflächenaktivität ihres Harns untersucht werden, sondern nur ein oder wenige Male. Dann findet man selbstverständlich diese Gesetzmäßigkeiten nicht. Eine Angabe von *Zandrén*[35] deutet darauf hin, daß die von ihm im Selbstversuch beobachtete Oberflächenaktivität des Harnes durch Erregung gesteigert sein könnte; *Zandrén* gibt an, daß bei einem Hungerversuch die Oberflächenaktivität des Harnes gesteigert war. Es ist wahrscheinlich, daß derartig forcierte Selbstversuche bei gleichbleibender Berufstätigkeit — *Zandrén* machte während der Dauer seiner Versuche nach seinen Angaben leichte Arbeiten im Laboratorium und am Krankenbett — gerade bei Hunger zu einer Steigerung der Erregung führen. Bei Vermeidung dieser, z. B. bei stupiden Patienten, haben wir keinerlei Erhöhung der Oberflächenaktivität beim Hungern beobachten können, sodaß wir nicht anstehen, die von *Zandrén* beobachteten Steigerungen der Oberflächenaktivität auf das Konto der Aufregung zu setzen.

§ 11. Zur Ätiologie der Oberflächenaktivitätserhöhung nach Aufregung.

Es ist naheliegend, zu fragen, woher die oberflächenaktiven Substanzen kommen, die sich, wie in der vorliegenden Arbeit gezeigt wurde, nach Aufregung im Harn finden. Es liegt eine ziemliche Literatur über die Herkunft der oberflächenaktiven Stoffe im Harn vor. Im allgemeinen sind 2 Möglichkeiten vorhanden:

1. Die oberflächenaktiven Substanzen stammen aus der Niere. Diese Annahme ist außerordentlich unwahrscheinlich, da über die synthetisierenden Eigenschaften der Nieren bisher nur wenig bekannt ist.

2. Die oberflächenaktiven Substanzen stammen aus dem Blut.

Wenn man die Wahrscheinlichkeit dieser Theorie unterstellt, so bestehen für das Auftreten der Stalagmone im Harn 2 Möglichkeiten:

a) Die Niere ist für die Stalagmone jederzeit permeabel, und diese treten nur dann im Harn auf, wenn sie vorher in der Blutbahn vorhanden gewesen sind.

b) Die Stalagmone sind stets in der Blutbahn vorhanden, und die Niere wird nur durch bestimmte Reize für die Stalagmone permeabel.

Für den Fall a) konnten wir 1925[14] ein Beispiel beibringen, als wir die paroxysmale Hämoglobinurie untersuchten. Es zeigte sich, daß auch außerhalb des Anfalls die Nieren derartiger Patienten für Eiweißabbauprodukte und Peptone jederzeit permeabel waren, also für Bestandteile, die jederzeit in der Blutbahn vorhanden sind, und daß der Anfall der Hämoglobinurie physikalisch-chemisch gesprochen, nur einen Farbunterschied des Harnes darstellt, in dem neben den bei diesen Patienten stets pathologischerweise im Harn vorhandenen hochoberflächenaktiven Eiweißspaltprodukten nun das rotgefärbte Hämoglobin auftritt.

Derselbe Fall a), d. h. die ständige Bereitschaft der Niere, die Stalagmone durchzulassen, und das nur zeitweise Vorhandensein dieser in der Blutbahn, scheint bei den vorliegenden Versuchen zur Beobachtung zu kommen. *Hamburger*[15] und seine Schüler zeigten nämlich, daß bei Reizung des Vagus und Sympathicus in der Gegend der Halsganglien das Blut, das aus dem überlebenden Herzen abströmt, eine höhere Oberflächenaktivität hat, als das zuströmende Blut. Es ist dieses Auftreten oberflächenaktiver Substanzen durch die Versuche von *Brinkman*[5] in Verbindung gebracht worden mit dem hypothetischen Herzhormon. Wenn *Brinkman* nämlich in einem Frosch durch Reizung des Vagosympathicus die Oberflächenaktivität des arteriellen Blutes gesteigert hatte, so bewirkte die Transfusion dieses Blutes in einen anderen Frosch dieselben Erscheinungen, die bei dem gereizten Frosch zu beobachten waren, nämlich nicht nur eine Steigerung der Schlagfolge des Herzens, sondern auch vermehrte Peristaltik des Dünndarms. *Brinkman* beobachtet auch, daß die oberflächenaktiven Stoffe sehr schnell aus der Blutbahn wieder verschwinden. Er führt dies auf irgendwelche die Oberflächenspannung regulierenden Mechanismen im Serum zurück.

Vom Standpunkt unserer Versuche aus ist es wahrscheinlicher, daß nicht im Serum selbst die oberflächenaktiven Körper zerstört werden, oder auf irgendwelche andere Weise ihre Oberflächenaktivität einbüßen, sondern daß diese relativ schnell durch die Niere in den Harn ausgeschieden werden. Das Wichtigste an den Versuchen von *Hamburger* und seinen Schülern ist, daß die Stalagmone im Blut durch Erregung des Vagosympathicus aufgetreten sind. Nun ist bekannt, daß alle Erregungen seelischer Art über das sympathische und parasympathische System verlaufen. Es ist also naheliegend, anzunehmen, daß die Stalagmone, die *Brinkman* nach der Erregung in der Blutbahn gefunden hat, von uns im Harn wiedergefunden worden sind. Da die chemische Natur der Stalagmone des Harnes noch nicht bekannt ist, ist es natürlich sehr schwer, hierüber eine Entscheidung zu treffen. Wir hoffen aber durch geeignete Tierexperimente die Identität der von uns beobachteten Erregungs-Stalagmone im Harn mit den Stalagmonen, die *Brinkman* als Träger der Herzhormonwirkung im Blute beobachtet hat, nachweisen zu können. Der Vorteil der Messung der fraglichen oberflächenaktiven Körper im Harn gegenüber den Messungen der gleichen Substanzen im Blut liegt auf der Hand.

§ 12. Schlußbetrachtungen über die neu gefundenen Gesetzmäßigkeiten.

Betrachtet man das Ergebnis der vorliegenden Untersuchungen im Zusammenhang, so sieht man folgendes:

1. Es finden sich in der Literatur einzelne Angaben über die Steigerung der Oberflächenaktivität des Harnes bei körperlicher Anstrengung. Über den Einfluß geistiger Erregung auf die Oberflächenaktivität des Harnes ist bisher nichts bekannt geworden.

2. Es wurde zum Zweck serienmäßiger Oberflächenaktivitätsmessungen an mehreren tausend Versuchspersonen eine Methodik ausgearbeitet, die teilweise der Stalagmometrie J. *Traubes* entspricht, jedoch in vielen Punkten von dieser Arbeitsweise abweicht.

3. Die schon früher publizierte Abhängigkeit der Oberflächenaktivität des Harnes von seinem spezifischen Gewicht ermöglicht die stalagmometrische Messung an unverändertem, frischen Harn, der vor der Messung in keiner Weise aufbereitet werden muß. Hierdurch wird eine Anzahl von Fehlerquellen vermieden.

4. Die Stalagmometrie von Harnen von Sportleuten vor und nach dem Fußballspiel ergab eine erhebliche Steigerung der Oberflächenaktivität durch das Wettspiel; eine Entscheidung darüber, ob diese Steigerung der Oberflächenaktivität des Harnes auf körperliche Anstrengung zurückzuführen sei, konnte zunächst nicht getroffen werden, da bei diesen Mannschaften gleichzeitig eine starke seelische Erregung wahrzunehmen war.

5. Es wurde durch Messungen an geübten und ungeübten Werftarbeitern nachgewiesen, daß die körperliche Arbeit allein keinen Einfluß auf die Oberflächenaktivität des Harnes ausübt.

6. Bei vergleichenden Messungen an körperlich schwer arbeitenden Personen (Tiller-Girls), bei denen einmal vor und nach der körperlichen Arbeit ohne Erregung (Probe), das andere Mal bei gleicher Anstrengung und hinzukommender Erregung (Aufführung) gemessen wurde, zeigte sich, daß nur in letzterem Fall eine Erhöhung der Oberflächenaktivität zu beobachten war.

7. An Patienten einer Zahnklinik, sowie an den zu einem Impftermin versammelten Kindern, wurden Oberflächenaktivitätsmessungen des Harnes ausgeführt; in beiden Fällen wurden trotz Abwesenheit körperlicher Arbeit starke Erhöhungen der Oberflächenaktivität festgestellt, die zweifellos durch die starke Aufregung der Versuchspersonen bedingt waren.

8. Die endgültige Entscheidung über die Frage, ob körperliche Arbeit oder geistige Aufregung die Ursache erhöhter Oberflächenaktivität des Harnes sei, konnte an einem großen Material der Hamburger Polizeischule Bahrenfeld getroffen werden. In der ersten Versuchsserie wurden 2 Züge beobachtet, von denen der eine exerzierte und der andere Unterricht hatte; in beiden Fällen war die Oberflächenaktivität des Harnes im Durchschnitt die gleiche, während die Pulszahlen bei dem ersten Zug um 37% höher lagen als bei dem zweiten. In einer zweiten Messungsserie wurden 2 Züge verglichen, von denen der eine Turnen hatte, während die Mannschaften des anderen einer mündlichen Prüfung unterzogen wurden. Es zeigte sich, daß durch das Turnen, das eine Pulserhöhung von 29% bewirkte, keine Änderung der Oberflächenaktivität des Harnes bewirkt

wurde, daß aber die Prüflinge nach dem Examen im Durchschnitt 4,8 Gh Oberflächenaktivitätserhöhung zeigten, obgleich bei ihnen keine körperliche Anstrengung vorlag.

9. Es wurde festgestellt, daß die Erhöhung der Oberflächenaktivität des Harnes durch Erregung eine wesentliche Fehlerquelle für klinisch-diagnostische Messungen darstellt, wenn diese an einem in die Klinik neu aufgenommenen Krankenmaterial angestellt wurden. An einer großen Anzahl von Patienten konnte gezeigt werden, daß die Oberflächenaktivität des Harnes auf dem Aufnahmepavillon im Durchschnitt etwa 7 Gh höher ist als die Oberflächenaktivität des Harnes der gleichen Patienten nach einigen Tagen Aufenthalt im Krankenhaus. Auch die Bekanntgabe der Notwendigkeit einer Operation oder der Diagnose einer venerischen Erkrankung führte zu extremen Steigerungen der Oberflächenaktivität des Harnes. Bei neurasthenischen Krankenhauspatienten bewirkte bereits die Besuchszeit eine Steigerung der Oberflächenspannung des während dieser sezernierten Harnes.

10. Zur Klärung der Frage nach der Herkunft der Stalagmone im Harn wird auf die Arbeiten von *Hamburger* und seinen Schülern verwiesen, nach denen durch Reizungen des Vagosympathicus eine Steigerung der Oberflächenaktivität des aus dem überlebenden Herzen abfließenden Blutes beobachtet werden kann. Es ist mit an Sicherheit grenzender Wahrscheinlichkeit anzunehmen, daß diese oberflächenaktiven Blutbestandteile die gleichen sind, die sich nach Erregung im Harn wiederfinden.

Nachdem nun eine Steigerung der Oberflächenaktivität durch Aufregung festgestellt ist, liegt die Frage nahe, ob die Stalagmometrie nicht auch zu praktischen Zwecken verwendet werden kann, bei denen eine Messung des Grades der Erregung wünschenswert ist.

Die Intensivierung der Arbeit einerseits, sowie das Massenangebot von Arbeitsuchenden andererseits, hat viele Betriebe veranlaßt, eine genauere Auswahl des arbeitenden Personals zu treffen, als dies früher üblich war. Von diesem Gesichtspunkt aus wurde eine ganze Wissenschaft ausgebaut, die der Industrie die notwendigen psychotechnischen Leistungsprüfungen lieferte. Es ist bekannt, daß man alle möglichen Fähigkeiten, die für die berufliche Betätigung des Menschen von Vorteil sein können, auf Grund kurzdauernder Untersuchungen feststellen kann. Es gibt aber bisher noch keine einwandfreie Methode, nach der man die Aufregung als solche quantitativ mit objektiven Methoden erfassen kann. Betrachtet man nun z. B. die Tab. 11, in der die Harnwerte für Schutzpolizisten vor und nach der mündlichen Prüfung wiedergegeben sind, so sieht man, daß zwar die meisten dieser Schutzpolizisten eine positive Gh_{corr}-Differenz zeigen, d.h., daß ihr Harn nach der Prüfung eine höhere Oberflächenaktivität hatte als vor der Prüfung. Wenn man aber nicht die $Gh_{\text{corr.}}$-Differenz, sondern die einzelnen $Gh_{\text{corr.}}$-Werte betrachtet, so sieht man, daß nur wenige eine Erhöhung der Oberflächenaktivität schon vor der Prüfung zeigten, die von einer Größe ist, die über das normale Gebiet hinausragt. Die meisten haben dagegen eine Oberflächenaktivität, die innerhalb des als normal zu bezeichnenden Gebietes von $+3\,Gh$ bis $-3\,Gh$ liegt. Vorausgesetzt, daß zur Zeit der ersten Harnentnahme keinerlei Aufregung vorlag, würde diese Erhöhung auf andere Ursachen zurückgehen, z. B. auf die Ernährung, auf pathologische Zusammensetzungen des Harnes usw. Diese Fälle müßte man für eine stalagmometrische Untersuchung im Sinne einer psychotechnischen Leistungsprüfung auslassen bzw. an Tagen messen, an denen sie zunächst keine pathologischen Werte zeigen. Man würde dann die zu untersuchenden Personen einer aufregenden Einwirkung unterziehen, wie es im Beispiel der Tab. 11 eine mündliche Prüfung war, deren Bestehen relativ schwer war und für die Teilnehmer die Fortsetzung eines gewählten Lebensberufes bedeutete. Nach der Prüfung hatten nun eine große Anzahl von Schutzpolizisten eine positive $Gh_{\text{corr.}}$-Zahl, die weit über das Normale hinausragte. Bei 14 Personen, die vor der Prüfung normale Werte hatten, wurde ein Anstieg beobachtet, der in einigen Fällen zu Zahlen über $+10{,}0\,Gh_{\text{corr.}}$ führte. Betrachtet man z. B. Nr. 4017, so sieht man, daß der $Gh_{\text{corr.}}$-Wert vor der Prüfung $-0{,}1$ und nach der Prüfung $+14{,}1$ war. Ähnliche Zahlen zeigt 4021 ($-3{,}3$ bzw. $+12{,}4$) oder 4031 ($+3{,}4$ bzw. $10{,}9$). Für viele Berufe, bei denen es darauf ankommt, daß sich die Ausübenden möglichst wenig aufregen, würden Personen mit derartigen Oberflächenaktivitätssteigerungen besser auszuscheiden sein.

Das hauptsächliche Ergebnis der vorliegenden Untersuchung ist also die Feststellung, daß *die körperliche Arbeit jeder Art ohne Einfluß auf die Ausscheidung oberflächenaktiver Körper in den Harn ist, daß dagegen schon geringe Grade der seelischen Erregung zu einer starken Steigerung der Oberflächenaktivität führen.*

Literatur.

[1] *Adlersberg*, zit. nach *H. Bechhold*, Kolloide, in Biologie und Medizin. Dresden 1922. — [2] *Bakker, G.*, Capillarität und Oberflächenspannung. Leipzig 1928. — [3] *Bechhold, H.*, Kolloid-Z. **39**, 275 (1926). — [4] *Bechhold, H.*, und *L. Reiner*, Biochem. Z. **108**, 98 (1920). — [5] *Brinkman, R.*, und *J. v. d. Velde*, Pflügers Arch. **207**, 492 (1925). — [6] *Bürkle-de la Camp*, Münch. med. Wschr. **1**, 664 (1923). — [7] *Donnan, W. D.*, und *F. G. Donnan*, Brit. med. J. **1905**, 1636. — [8] *Duclaux, M.*, Ann. chim. Phys. (4) **21**, 378 (1870); (5) **8**, 76 (1878). — [9] *Freundlich, H.*, Capillarchemie. 2. Aufl. Leipzig 1922. S. 35ff. — [10] *Goldwasser, M.*, Z. exper. Med. **37**, 481 (1923). — [11] *v. Hahn, F.-V.*, Biochem. Z. **178**, 245, 256, 262, 265, 277, 282 (1926). — [12] *v. Hahn, F.-V.*, Kolloid-Z. **38**, 136; **39**, 329 (1926). — [13] *v. Hahn, F.-V.*, Biochem. Z. **178**, 265 (1926). — [14] *v. Hahn, F.-V.*, Münch. med. Wschr. **1925**, Nr 27, 1104. — [15] *Hamburger, A.*, zit. nach *R. Brinkman*. — [16] *Hopf, M.*, Arb.physiol. **1**, 433 (1928). —

[17] *Isaak-Krieger* und *W. Friedländer*, Klin. Wschr. **2**, 2171 (1923). — [18] *Joel, E.*, Biochem. Z. **119**, 93 (1921). — [19] *Junker. H.*, Die Veröffentlichung der Untersuchungen über die Methodik der Oberflächenspannungsbestimmung wird demnächst in der Kolloid-Z. erfolgen. — [20] *Kiesel, K.*, Biochem. Z. **149**, 339, 425, 430 (1924). — [21] *Kremann, R.*, Mechanische Eigenschaften flüssiger Stoffe. Leipzig 1928. S. 501 ff. — [22] *Lichtwitz*, Klinische Chemie. Berlin 1908. — [23] *Magnus-Levy, A.*, im Handbuch der Pathologie des Stoffwechsels von v. Noorden **1**, 388. — [24] *Michaelis, L.*, Dynamik der Oberflächen. Dresden 1909. — [25] *Ostwald, Wo.*, Kleines Praktikum der Kolloidchemie. Dresden 1921. — [26] *Ostwald, Wo.*, Kolloidchem. Beih. **10**, 179 (1918). — [27] *Posner, C.*, Berl. klin. Wschr. **53**, 891 (1916). — [28] *Pribram, H.*, und *C. Eigenberger*, Biochem. Z. **115**, 168 (1921). — [29] *Schemensky, W.*, Münch. med. Wschr. **2**, 773 (1920). — [30] *Schenk*, Verhandlungsbericht der sportärztlichen Tagung 1925; zit. nach *Hopf*[16]. — [31] *Schumm, O.*, Z. physiol. Chem. **96**, 335 (1916). — [32] *Traube, J.*, Pflügers Arch. **105**, 559 (1904). — [33] *Traube, J.*, Internat. Z. phys.-chem. Biol. **2** (1915). — [35] *Weinland, R.*, Maßanalyse. 3. Aufl. S. 133 ff. Tübingen 1911. — [35] *Zandrén, S.*, Biochem. Z. **114**, 211 (1920).

Lebenslauf.

Ich, *Friedrich-Vincenz v. Hahn*, bin geboren zu Leipzig am 9. Dezember 1897 als Sohn des Kgl. Sächs. Hofrats Alban v. Hahn und seiner Ehefrau Gertrud geb. Schumann. Nach der Vorschule besuchte ich von 1907 bis 1916 die Thomasschule (humanistisches Gymnasium) zu Leipzig, die ich mit dem Abiturium verließ. Hierauf wurde ich zum Heere eingezogen und genügte meiner Dienstpflicht beim II. Kgl. Sächs. Pionier-Bataillon Nr. 22 in Riesa a. E.; von dort kam ich zu der 4. Kgl. Sächs. Pionier-Kompagnie an die Ostfront, mit der ich den zweiten galizischen Vormarsch mitmachte. Als Vizefeldwebel d. Res. wurde ich im Juli 1918 wegen einer im Felde zugezogenen Malaria dienstuntauglich entlassen. Seit dem Wintersemester 1918/19 studierte ich in München und Leipzig Naturwissenschaften, speziell physikalische und Kolloidchemie, beendete dieses Studium im Juni 1921 durch das Doktorexamen mit einer Dissertation über die Herstellung und Stabilität kolloider Lösungen und erwarb hierdurch die Würde eines Dr. phil. Hierauf war ich 1 Jahr Hilfsassistent im physiologisch-chemischen Universitäts-Institut in Leipzig und 1 Jahr Laboratoriumsvorstand in Plausons Forschungsinstitut G. m. b. H. in Hamburg. Dann begann ich in Hamburg das Studium der Medizin, war gleichzeitig zunächst 1923 Assistent am Krebsforschungsinstitut des Eppendorfer Krankenhauses (Professor Dr. Bierich) und hierauf seit 1. März 1924 Leiter der Kolloidbiologischen Station am Eppendorfer Krankenhaus; diese Stelle bekleide ich noch heute. Mein Medizinstudium beendete ich im Juni 1928 durch Bestehen des Staatsexamens und leistete mein Medizinalpraktikantenjahr in der Direktorialabteilung des Eppendorfer Krankenhauses ab.

Bisher veröffentlichte ich 42 wissenschaftliche Arbeiten hauptsächlich in der Kolloidzeitschrift und der Biochemischen Zeitschrift sowie den in der Reihe der Handbücher der Kolloidwissenschaft erschienenen Band über Dispersoidanalyse.

Seit 1920 bin ich mit Dorothea geb. Baltzer verheiratet.

MIX
Papier aus verantwortungsvollen Quellen
Paper from responsible sources
FSC® C105338

If you have any concerns about our products,
you can contact us on
ProductSafety@springernature.com

In case Publisher is established outside the EU,
the EU authorized representative is:
**Springer Nature Customer Service Center GmbH
Europaplatz 3, 69115 Heidelberg, Germany**

Printed by Libri Plureos GmbH
in Hamburg, Germany